石油企业岗位练兵手册

井下作业工

（工程技术单位专用）

（第二版）

大庆油田有限责任公司　编

石油工业出版社

内 容 提 要

本书采用问答形式，对井下作业工应掌握的知识和技能进行了详细介绍。主要内容可分为基本素养、基础知识、基本技能三部分。基本素养包括企业文化、发展纲要和职业道德等内容，基础知识包括与工种岗位密切相关的专业知识和HSE知识等内容，基本技能包括操作技能和常见故障判断处理等内容。本书适合井下作业工阅读使用。

图书在版编目（CIP）数据

井下作业工．工程技术单位专用 / 大庆油田有限责任公司编．—2版．—北京：石油工业出版社，2023.9

（石油企业岗位练兵手册）

ISBN 978-7-5183-6081-9

Ⅰ．①井…　Ⅱ．①大…　Ⅲ．①井下作业 - 技术手册　Ⅳ．① TE358-62

中国国家版本馆CIP数据核字（2023）第168488号

出版发行：石油工业出版社

（北京市朝阳区安华里2区1号楼　100011）

网　址：www.petropub.com

编辑部：（010）64523785

图书营销中心：（010）64523633

经　　销：全国新华书店

印　　刷：北京中石油彩色印刷有限责任公司

2023年9月第2版　2023年9月第1次印刷

880×1230毫米　开本：1/32　印张：9.25

字数：231千字

定价：50.00元

《井下作业工（工程技术单位专用）》编委会

《井下作业工（工程技术单位专用）》编审组

前言

岗位练兵是大庆油田的优良传统，是强化基本功训练、提升员工素质的重要手段。新时期、新形势下，按照全面加强“三基”工作的有关要求，为进一步强化和规范经常性岗位练兵活动，切实提高基层员工队伍的基本素质，按照“实际、实用、实效”的原则，大庆油田有限责任公司人事部组织编写、修订了基层员工《石油企业岗位练兵手册》丛书。围绕提升政治素养和业务技能的要求，本套丛书架构分为基本素养、基础知识、基本技能三部分，基本素养包括企业文化（大庆精神铁人精神、优良传统）、发展纲要和职业道德等内容；基础知识包括与工种岗位密切相关的专业知识和HSE知识等内容；基本技能包括操作技能和常见故障判断处理等内容。本套丛书的编写，严格依据最新行业规范和技术标准，同时充分结合目前专业知识更新、生产设备调整、操作工艺优化等实际情况，具有突出的实用性和规范性的特点，既能作为基层开展岗位练兵、提高业务技能的实用教材，也可以作为员工岗位自学、单位开展技能竞赛的参考资料。

希望各单位积极应用，充分发挥本套丛书的基础性作用，持续、深入地抓好基层全员培训工作，不断提升员工队伍整体素质，为实现公司科学发展提供人力资源保障。同时，希望各单位结合本套丛书的应用实践，对丛书的修改完善提出宝贵意见，以便更好地规范和丰富丛书内容，为基层扎实有效地开展岗位练兵活动提供有力支撑。

大庆油田有限责任公司人事部

2023 年 4 月 28 日

第一部分　基本素养

第二部分 基础知识

第三部分　基本技能

第一部分
基本素养

一、企业文化

（一）名词解释

1. 石油精神：石油精神以大庆精神铁人精神为主体，是对石油战线企业精神及优良传统的高度概括和凝练升华，是我国石油队伍精神风貌的集中体现，是历代石油人对人类精神文明的杰出贡献，是石油石化企业的政治优势和文化软实力。其核心是“苦干实干”“三老四严”。

2. 大庆精神：为国争光、为民族争气的爱国主义精神；独立自主、自力更生的艰苦创业精神；讲究科学、“三老四严”的求实精神；胸怀全局、为国分忧的奉献精神，凝练为“爱国、创业、求实、奉献”8个字。

3. 铁人精神：“为国分忧、为民族争气”的爱国主义精神；“宁肯少活二十年，拼命也要拿下大油田”的忘我拼搏精神；“有条件要上，没有条件创造条件也要上”的艰苦奋斗精神；“干工作要经得起子孙万代检查”“为革命练一身硬功夫、真本事”的科学求实精神；“甘愿为党和人民当一辈子老黄牛”、埋头苦干的无私奉献精神。

4. 三超精神：超越权威，超越前人，超越自我。

5. 艰苦创业的六个传家宝：人拉肩扛精神，干打垒精神，五把铁锹闹革命精神，缝补厂精神，回收队精神，修旧利废精神。

6. 三要十不：“三要”：一要甩掉石油工业的落后帽子；二要高速度、高水平拿下大油田；三要在会战中夺冠军，争取集体荣誉。“十不”：第一，不讲条件，就是说有条件要上，没有条件创造条件上；第二，不讲时间，特别是工作紧张时，大家都不分白天黑夜地干；第三，不讲报酬，干啥都是为了革命，为了石油，而不光是为了个人的物质报酬而劳动；第四，不分级别，有工作大家一起干；第五，不讲职务高低，不管是局长、队长，都一起来；第六，不分你我，互相支援；第七，不分南北东西，就是不分玉门来的、四川来的、新疆来的，为了大会战，一个目标，大家一起上；第八，不管有无命令，只要是该干的活就抢着干；第九，不分部门，大家同心协力；第十，不分男女老少，能干什么就干什么、什么需要就干什么。这“三要十不”，激励了几万职工团结战斗、同心协力、艰苦创业，一心为会战的思想和行动，没有高度觉悟是做不到的。

7. 三老四严：对待革命事业，要当老实人，说老实话，办老实事；对待工作，要有严格的要求，严密的组织，严肃的态度，严明的纪律。

8. 四个一样：对待革命工作要做到，黑天和白天一个样，坏天气和好天气一个样，领导不在场和领导在场一个样，没有人检查和有人检查一个样。

9. 思想政治工作“两手抓”：抓生产从思想入手，抓思想从生产出发。这是大庆人正确处理思想政治工作与经济工作关系的基本原则，也是大庆人思想政治工作的一条基本经验。

10. 岗位责任制管理：大庆油田岗位责任制，是大庆石油会战时期从实践中总结出来的一整套行之有效的基础管理方法，也是大庆油田特色管理的核心内容。其实质就是把全部生产任务和管理工作落实到各个岗位上，给企业每个岗位人员都规定出具体的任务、责任，做到事事有人管，人人有专责，办事有标准，工作有检查。它包括工人岗位责任制、基层干部岗位责任制、领导干部和机关干部岗位责任制。工人岗位责任制一般包括岗位专责制、交接班制、巡回检查制、设备维修保养制、质量负责制、岗位练兵制、安全生产制、班组经济核算制等 8 项制度；基层干部岗位责任制包括岗位专责制、工作检查制、生产分析制、经济活动分析制、顶岗劳动制、学习制度等 6 项制度；领导干部和机关干部岗位责任制包括岗位专责制、现场办公制、参加劳动制、向工人学习日制、工作总结制、学习制度等 6 项制度。

11. 三基工作：以党支部建设为核心的基层建设，以岗位责任制为中心的基础工作，以岗位练兵为主要内容的基本功训练。

12. 四懂三会：这是在大庆石油会战时期提出的对各行各业技术工人必备的基本知识、基本技能的基本要求，也是“应知应会”的基本内容。四懂即懂设备结构、懂设备原理、懂设备性能、懂工艺流程。三会即会操作、会维修保养、会排除故障。

13. 五条要求：人人出手过得硬，事事做到规格化，项项工程质量全优，台台在用设备完好，处处注意勤俭节约。

14. 会战时期“五面红旗”：王进喜、马德仁、段兴枝、薛国邦、朱洪昌。

15. 新时期铁人：王启民。

16. 大庆新铁人：李新民。

17. 新时代履行岗位责任、弘扬严实作风“四条要求”：要人人体现严和实，事事体现严和实，时时体现严和实，处处体现严和实。

18. 新时代履行岗位责任、弘扬严实作风“五项措施”：开展一场学习，组织一次查摆，剖析一批案例，建立一项制度，完善一项机制。

（二）问答

1. 简述大庆油田名称的由来。

1959 年 9 月 26 日，新中国成立十周年大庆前夕，位于黑龙江省原肇州县大同镇附近的松基三井喷出了具有工业价值的油流，为了纪念这个大喜大庆的日子，当时黑龙江省委第一书记欧阳钦同志建议将该油田定名为大庆油田。

2. 中共中央何时批准大庆石油会战？

1960 年 2 月 13 日，石油工业部以党组的名义向中共中央、国务院提出了《关于东北松辽地区石油勘探情况和今后部署问题的报告》。1960 年 2 月 20 日中共中央正式批准大庆石油会战。

3. 什么是“两论”起家？

1960 年 4 月 10 日，大庆石油会战一开始，会战领导小组就以石油工业部机关党委的名义作出了《关于学习毛泽东同志所著〈实践论〉和〈矛盾论〉的决定》，号召广大会战职工学习毛泽东同志的《实践论》《矛盾论》和毛泽东同志的其他著作，以马列主义、毛泽东思想指导石油大会战，用辩证唯物主义的立场、观点、方法，认识油田规律，分析和解决会战中遇到的各种问题。广大职工说，我们的会战是靠“两论”起家的。

4. 什么是“两分法”前进？

即在任何时候，对任何事情，都要用“两分法”，形势好的时候要看到不足，保持清醒的头脑，增强忧患意识，形势严峻的时候更要一分为二，看到希望，增强发展的信心。

5. 简述会战时期“五面红旗”及其具体事迹。

“五面红旗”喻指大庆石油会战初期涌现的五位先进榜样：王进喜、马德仁、段兴枝、薛国邦、朱洪昌。钻井队长王进喜带领队伍人拉肩扛抬钻机，端水打井保开钻，在发生井喷的危急时刻，奋不顾身跳下泥浆池，用身体搅拌泥浆制服井喷。钻井队长马德仁在泥浆泵上水管线冻结时，不畏严寒，破冰下泥浆池，疏通上水管线。钻井队长段兴枝在吊车和拖拉机不足的情况下，利用钻机本身的动力设施，解决了钻机搬家的困难。大庆油田第一个采油队队长薛国邦自制绞车，给第一批油井清蜡，又手持蒸汽管下到油池里化开凝结的原油，保证了大庆油田首次原油外运列车顺利启程。工程队队长朱洪昌在供水管线漏水时，用手捂着漏点，忍着灼烧的疼痛，让焊工焊接裂缝，保证了供水工程提前竣工。

6. 大庆油田投产的第一口油井和试注成功的第一口水井各是什么？

1960年5月16日，大庆油田第一口油井中7-11井投产；1960年10月18日，大庆油田第一口注水井7排11井试注成功。

7. 大庆石油会战时期讲的“三股气”是指什么？

对一个国家来讲，就要有民气；对一个队伍来讲，就要有士气；对一个人来讲，就要有志气。三股气结合起来，就会形成强大的力量。

8. 什么是“九热一冷”工作法？

大庆石油会战中创造的一种领导工作方法。是指在1旬中，有9天“热”，1天“冷”。每逢十日，领导干部再忙，也要坐在一起开务虚会，学习上级指示，分析形势，总结经验，从而把感性认识提高到理性认识上来，使领导作风和领导水平得到不断改进和提高。

9. 什么是“三一”“四到”“五报”交接班法？

对重要的生产部位要一点一点地交接、对主要的生产数据要一个一个地交接、对主要的生产工具要一件一件地交接。交接班时应该看到的要看到、应该听到的要听到、应该摸到的要摸到、应该闻到的要闻到。交接班时报检查部位、报部件名称、报生产状况、报存在的问题、报采取的措施，开好交接班会议，会议记录必须规范完整。

10. 大庆油田原油年产5000万吨以上持续稳产的时间是哪年？

1976年至2002年，大庆油田实现原油年产5000万吨以上连续 27 年高产稳产，创造了世界同类油田开发史上的奇迹。

11. 大庆油田原油年产 4000 万吨以上持续稳产的时间是哪年？

2003 年至 2014 年，大庆油田实现原油年产 4000 万吨以上连续 12 年持续稳产，继续书写了“我为祖国献石油”新篇章。

12. 中国石油天然气集团有限公司企业精神是什么？

石油精神和大庆精神铁人精神。

13. 中国石油天然气集团有限公司的主营业务是什么？

中国石油天然气集团有限公司是国有重要骨干企业和全球主要的油气生产商和供应商之一，是集国内外油气勘探开发和新能源、炼化销售和新材料、支持和服务、资本和金融等业务于一体的综合性国际能源公司，在全球 32 个国家和地区开展油气投资业务。

14. 中国石油天然气集团有限公司的企业愿景和价值追求分别是什么？

企业愿景：建设基业长青世界一流综合性国际能源公司；

企业价值追求：绿色发展、奉献能源，为客户成长增动力、为人民幸福赋新能。

15. 中国石油天然气集团有限公司的人才发展理念是什么？

生才有道、聚才有力、理才有方、用才有效。

16. 中国石油天然气集团有限公司的质量安全环保理念是什么？

以人为本、质量至上、安全第一、环保优先。

17. 中国石油天然气集团有限公司的依法合规理念是什么？

法律至上、合规为先、诚实守信、依法维权。

二、发展纲要

（一）名词解释

1. 三个构建：一是构建与时俱进的开放系统；二是构建产业成长的生态系统；三是构建崇尚奋斗的内生系统。

2. 一个加快：加快推动新时代大庆能源革命。

3. 抓好“三件大事”：抓好高质量原油稳产这个发展全局之要；抓好弘扬严实作风这个标准价值之基；抓好发展接续力量这个事关长远之计。

4. 谱写“四个新篇”：奋力谱写“发展新篇”；奋力谱写“改革新篇”；奋力谱写“科技新篇”；奋力谱写“党建新篇”。

5. 统筹“五大业务”：大力发展油气业务；协同发展服务业务；加快发展新能源业务；积极发展“走出去”业务；特色发展新产业新业态。

6. “十四五”发展目标：实现“五个开新局”，即稳油增气开新局；绿色发展开新局；效益提升开新局；幸福生活开新局；企业党建开新局。

7. 高质量发展重要保障：思想理论保障；人才支持保障；基础环境保障；队伍建设保障；企地协作保障。

（二）问答

1. 习近平总书记致大庆油田发现60周年贺信的内容是什么？

值此大庆油田发现60周年之际，我代表党中央，向大庆油田广大干部职工、离退休老同志及家属表示热烈的祝贺，并致以诚挚的慰问！

60年前，党中央作出石油勘探战略东移的重大决策，广大石油、地质工作者历尽艰辛发现大庆油田，翻开了中国石油开发史上具有历史转折意义的一页。60年来，几代大庆人艰苦创业、接力奋斗，在亘古荒原上建成我国最大的石油生产基地。大庆油田的卓越贡献已经镌刻在伟大祖国的历史丰碑上，大庆精神、铁人精神已经成为中华民族伟大精神的重要组成部分。

站在新的历史起点上，希望大庆油田全体干部职工不忘初心、牢记使命，大力弘扬大庆精神、铁人精神，不断改革创新，推动高质量发展，肩负起当好标杆旗帜、建设百年油田的重大责任，为实现“两个一百年”奋斗目标、实现中华民族伟大复兴的中国梦作出新的更大的贡献！

2. 当好标杆旗帜、建设百年油田的含义是什么？

当好标杆旗帜——树立了前行标尺，是我们一切工作的根本遵循。大庆油田要当好能源安全保障的标杆、国企深化改革的标杆、科技自立自强的标杆、赓续精神血脉的标杆。

建设百年油田——指明了前行方向，是我们未来发展的奋斗目标。百年油田，首先是时间的概念，追求能源主业的升级发展，建设一个基业长青的百年油田；百年油田，也是空间的拓展，追求发展舞台的开辟延伸，建设一个走向世界的百年油田；百年油田，更是精神的赓续，追求红色基因的传承弘扬，建设一个旗帜高扬的百年油田。

3. 大庆油田 60 多年的开发建设取得的辉煌历史有哪些？

大庆油田 60 多年的开发建设，为振兴发展奠定了坚实基础。建成了我国最大的石油生产基地；孕育形成了大庆精神铁人精神；创造了世界领先的陆相油田开发技术；打造了过硬的“铁人式”职工队伍；促进了区域经济社会的繁荣发展。

4. 开启建设百年油田新征程两个阶段的总体规划是什么？

第一阶段，从现在起到 2035 年，实现转型升级、高质量发展；第二阶段，从 2035 年到本世纪中叶，实现基业长青、百年发展。

5. 大庆油田“十四五”发展总体思路是什么？

坚持以习近平新时代中国特色社会主义思想为指导，深入贯彻落实党的二十大精神，牢记践行习近平总书记重要讲话重要指示批示精神特别是“9·26”贺信精神，完整、准确、全面贯彻新发展理念，服务和融入新发展格局，立足增强能源供应链稳定性和安全性，贯彻落实国家“十四五”现代能源体系规划，认真落实中国石油天然气集团有限公司党组和黑龙江省委省政府部署要求，全面加强党的领导党的建设，坚持稳中求进工作总基调，突出高质量发展主题，遵循“四个坚持”兴企方略和“四化”治企准则，推进实施以抓好“三件大事”为总纲、以谱写“四个新篇”为实践、以统筹“五大业务”为发展支撑的总体战略布局，全面提升企业的创新力、竞争力和可持续发展能力，当好标杆旗帜、建设百年油田，开创油田高质量发展新局面。

6. 大庆油田“十四五”发展基本原则是什么？

坚持“九个牢牢把握”，即牢牢把握“当好标杆旗帜”这个根本遵循；牢牢把握“市场化道路”这个基本方向；牢牢把握“低成本发展”这个核心能力；牢牢把握“绿色低碳转型”这个发展趋势；牢牢把握“科技自立自强”这个战略支撑；牢牢把握“人才强企工程”这个重大举措；牢牢把握“依法合规治企”这个内在要求；牢牢把握“加强作风建设”这个立身之本；牢牢把握“全面从严治党”这个政治引领。

7. 中国共产党第二十次全国代表大会会议主题是什么？

高举中国特色社会主义伟大旗帜，全面贯彻新时代中国特色社会主义思想，弘扬伟大建党精神，自信自强、守正创新，踔厉奋发、勇毅前行，为全面建设社会主义现代化国家、全面推进中华民族伟大复兴而团结奋斗。

8. 在中国共产党第二十次全国代表大会上的报告中，中国共产党的中心任务是什么？

从现在起，中国共产党的中心任务就是团结带领全国各族人民全面建成社会主义现代化强国、实现第二个百年奋斗目标，以中国式现代化全面推进中华民族伟大复兴。

9. 在中国共产党第二十次全国代表大会上的报告中，中国式现代化的含义是什么？

中国式现代化，是中国共产党领导的社会主义现代化，既有各国现代化的共同特征，更有基于自己国情的中国特色。中国式现代化是人口规模巨大的现代化；中国式现代化是全体人民共同富裕的现代化；中国式现代化是物质文明和精神文明相协调的现代化；中国式现代化是人与自然和谐共生的现代化；中国式现代化是走和平发展道路的现代化。

10. 在中国共产党第二十次全国代表大会上的报告中，两步走是什么？

全面建成社会主义现代化强国，总的战略安排是分两步走：从二〇二〇年到二〇三五年基本实现社会主义现代化；从二〇三五年到本世纪中叶把我国建成富强民主文明和谐美丽的社会主义现代化强国。

11. 在中国共产党第二十次全国代表大会上的报告中，“三个务必”是什么？

全党同志务必不忘初心、牢记使命，务必谦虚谨慎、艰苦奋斗，务必敢于斗争、善于斗争，坚定历史自信，增强历史主动，谱写新时代中国特色社会主义更加绚丽的华章。

12. 在中国共产党第二十次全国代表大会上的报告中，牢牢把握的“五个重大原则”是什么？

坚持和加强党的全面领导；坚持中国特色社会主义道路；坚持以人民为中心的发展思想；坚持深化改革开放；坚持发扬斗争精神。

13. 在中国共产党第二十次全国代表大会上的报告中，十年来，对党和人民事业具有重大现实意义和深远意义的三件大事是什么？

一是迎来中国共产党成立一百周年，二是中国特色社会主义进入新时代，三是完成脱贫攻坚、全面建成小康社会的历史任务，实现第一个百年奋斗目标。

14. 在中国共产党第二十次全国代表大会上的报告中，坚持“五个必由之路”的内容是什么？

全党必须牢记，坚持党的全面领导是坚持和发展中国特色社会主义的必由之路，中国特色社会主义是实现中华民族伟大复兴的必由之路，团结奋斗是中国人民创造历史伟业的必由之路，贯彻新发展理念是新时代我国发展壮大的必由之路，全面从严治党是党永葆生机活力、走好新的赶考之路的必由之路。

三、职业道德

（一）名词解释

1. 道德：是调节个人与自我、他人、社会和自然界之间关系的行为规范的总和。

2. 职业道德：是同人们的职业活动紧密联系的、符合职业特点所要求的道德准则、道德情操与道德品质的总和。

3. 爱岗敬业：爱岗就是热爱自己的工作岗位，热爱自己从事的职业；敬业就是以恭敬、严肃、负责的态度对待工作，一丝不苟，兢兢业业，专心致志。

4. 诚实守信：诚实就是真心诚意，实事求是，不虚假，不欺诈；守信就是遵守承诺，讲究信用，注重质量和信誉。

5. 劳动纪律：是用人单位为形成和维持生产经营秩序，保证劳动合同得以履行，要求全体员工在集体劳动、工作、生活过程中，以及与劳动、工作紧密相关的其他过程中必须共同遵守的规则。

6. 团结互助：指在人与人之间的关系中，为了实现共同的利益和目标，互相帮助，互相支持，团结协作，共同发展。

（二）问答

1. 社会主义精神文明建设的根本任务是什么？

适应社会主义现代化建设的需要，培育有理想、有道德、有文化、有纪律的社会主义公民，提高整个中华民族的思想道德素质和科学文化素质。

2. 我国社会主义道德建设的基本要求是什么？

爱祖国、爱人民、爱劳动、爱科学、爱社会主义。

3. 为什么要遵守职业道德？

职业道德是社会道德体系的重要组成部分，它一方面具有社会道德的一般作用，另一方面它又具有自身的特殊作用，具体表现在：（1）调节职业交往中从业人员内部以及从业人员与服务对象间的关系。（2）有助于维护和提高本行业的信誉。（3）促进本行业的发展。（4）有助于提高全社会的道德水平。

4. 爱岗敬业的基本要求是什么？

（1）要乐业。乐业就是从内心里热爱并热心于自己所从事的职业和岗位，把干好工作当作最快乐的事，做到其乐融融。（2）要勤业。勤业是指忠于职守，认真负责，刻苦勤奋，不懈努力。（3）要精业。精业是指对本职工作业务纯熟，精益求精，力求使自己的技能不断提高，使自己的工作成果尽善尽美，不断地有所进步、有所发明、有所创造。

5. 诚实守信的基本要求是什么？

（1）要诚信无欺。（2）要讲究质量。（3）要信守合同。

6. 职业纪律的重要性是什么？

职业纪律影响企业的形象，关系企业的成败。遵守职业纪律是企业选择员工的重要标准，关系到员工个人事业成功与发展。

7. 合作的重要性是什么？

合作是企业生产经营顺利实施的内在要求，是从业人员汲取智慧和力量的重要手段，是打造优秀团队的有效途径。

8. 奉献的重要性是什么？

奉献是企业发展的保障，是从业人员履行职业责任的必由之路，有助于创造良好的工作环境，是从业人员实现职业理想的途径。

9. 奉献的基本要求是什么？

（1）尽职尽责。要明确岗位职责，培养职责情感，全力以赴工作。（2）尊重集体。以企业利益为重，正确对待个人利益，树立职业理想。（3）为人民服务。树立为人民服务的意识，培育为人民服务的荣誉感，提高为人民服务的本领。

10. 企业员工应具备的职业素养是什么？

诚实守信、爱岗敬业、团结互助、文明礼貌、办事公道、勤劳节俭、开拓创新。

11. 培养“四有”职工队伍的主要内容是什么？

有理想、有道德、有文化、有纪律。

12. 如何做到团结互助？

（1）具备强烈的归属感。（2）参与和分享。（3）平等尊重。（4）信任。（5）协同合作。（6）顾全大局。

13. 职业道德行为养成的途径和方法是什么？

（1）在日常生活中培养。从小事做起，严格遵守行为规范；从自我做起，自觉养成良好习惯。（2）在专业学习中训练。增强职业意识，遵守职业规范；重视技能训练，提高职业素养。（3）在社会实践中体验。参加社会实践，培养职业道德；学做结合，知行统一。（4）在自我修养中提高。体验生活，经常进行“内省”；学习榜样，努力做到“慎独”。（5）在职业活动中强化。将职业道德知识内化为信念；将职业道德信念外化为行为。

14. 员工违规行为处理工作应当坚持的原则是什么？

（1）依法依规、违规必究；（2）业务主导、分级负责；（3）实事求是、客观公正；（4）惩教结合、强化预防。

15. 对员工的奖励包括哪几种？

奖励种类包括通报表彰、记功、记大功、 授予荣誉称号、成果性奖励等。在给予上述奖励时，可以是一定的物质奖励。物质奖励可以给予一次性现金奖励（奖金）或实物奖励，也可根据需要安排一定时间的带薪休假。

16. 员工违规行为处理的方式包括哪几种？

员工违规行为处理方式分为：警示诫勉、组织处理、处分、经济处罚、禁入限制。

17.《中国石油天然气集团公司反违章禁令》有哪些规定？

为进一步规范员工安全行为，防止和杜绝“三违”现象，保障员工生命安全和企业生产经营的顺利进行，特制定本禁令。

一、严禁特种作业无有效操作证人员上岗操作；

二、严禁违反操作规程操作；

三、严禁无票证从事危险作业；

四、严禁脱岗、睡岗和酒后上岗；

五、严禁违反规定运输民爆物品、放射源和危险化学品；

六、严禁违章指挥、强令他人违章作业。

员工违反上述禁令，给予行政处分；造成事故的，解除劳动合同。

第二部分 基础知识

一、专业知识

（一）名词解释

1. 石油：一种以液体形式存在于地下岩石孔隙中的可燃性有机矿产，直观上是比水稠但比水轻的油脂状液体，多呈褐黑色，化学上是以碳氢化合物为主体的复杂混合物。

2. 石油的相对密度：在标准条件（20℃和0.1MPa）下原油密度与4℃条件下纯水密度的比值。石油的相对密度变化很大，一般为0.75～1.00。

3. 油气藏：具有统一压力系统和油气水界面的单一圈闭中的石油和天然气聚集体。

4. 工业油气藏（田）：开采油气藏（田）的投资低于采出油气价值的油气藏（田）。

5. 生油层：能生成油气的岩层。

6. 储层：能使石油、天然气在其孔隙、孔洞和裂缝中流通、聚集和储存的岩层（岩石）。

7. 油（气）层：石油生成后运移到储层中储存起来就形

成油（气）层，储集以油为主的称为油层，以气为主的称为气层。

8. 油藏气顶：油气在储层聚集的过程中，油、气、水总是按重力分异，气占据圈闭的最高部位，形成气顶；油居中，水在下部。

9. 油藏边水：位于油藏外边缘以外的水。

10. 油藏底水：位于油藏外边缘以内，从下面承托着油气的水。

11. 渗透作用：储存于岩石孔隙中的油、气和水在一定压差条件下发生的运移。

12. 渗透率：在一定压差下，岩石让流体通过的能力。

13. 含油饱和度：油层孔隙中含油的体积与有效孔隙体积之比。

14. 原始地层压力：油层在未开采前，从探井中测得的油层中部压力。

15. 目前地层压力：油层投入开发以后，某一时期测得的油层中部压力。

16. 静止压力：采油（气）井关井恢复压力，稳定后测得的油（气）层中部压力，简称静压。

17. 流动压力：油井正常生产时，测得的油层中部压力，简称流压，也称为井底压力。

18. 压力系数：某地层深度的地层压力与该深度的静水柱压力之比。

19. 总压差：原始地层压力与目前地层压力的差值。

20. 采油压差：油井生产时，地层静止压力与流动压力之差，又称为生产压差。

21. 注水压差：注水井注水时的井底压力与地层压力之差。

22. 注水强度：注水井单位有效厚度油层的日注水量。

23. 吸水指数：注水井在单位注水压差下的日注水量。

24. 含水率：油井日产水量与日产液量（油和水）之比，也称含水百分数。

25. 原始气油比：油田未开发时，在油层条件下，1t 原油中所含溶解的天然气量。

26. 生产气油比：在油田开发过程中，每采出 1t 原油所伴随着采出的天然气量。

27. 静水柱压力：井口到油层中部的水柱压力。

28. 地层破裂压力：地层岩石发生变形、破碎或裂缝时的压力。

29. 动液面：油井生产时油套环形空间液面的深度。动液面可以用于确定泵的沉没度和推算井底压力。

30. 静液面：油井关闭后油套环形空间液面的深度。静液面可以用于推算油井的静压。

31. 压力梯度：井内每加深 100m 井内液柱所增加的压力。

32. 地温梯度：地下深度每增加 100m 所增加的温度（气）。

33. 泵的沉没度：抽油泵与动液面之间的距离。

34. 油（气）井：石油和天然气埋藏在地下几十米至几千米的油（气）层中，要把它开采出来而在地面和地下油（气）层之间建立的一条油气通道。

35. 高危地区油气井：在井口周围 500m 范围内有村庄、学校、医院、工厂、集市等人员集聚场所，油库、炸药库等易燃易爆物品存放点，地面水资源及工业、农业、国防设施（包括开采地下资源的作业坑道），位于江河、湖泊、滩海和海上的含有硫化氢（地层天然气中硫化氢含量高于 $15mg/m^3$）、一氧化碳等有毒有害气体的井。

36. 井身结构：由直径、深度和作用各不相同且均注水泥封固环形空间而形成的轴心线重合的一组套管与水泥环的组合。

37. 水平井：先钻一直井段或斜井段，在目的层中井斜角达到或接近 90°，并且有一定水平长度的井。

38. 造斜点：从垂直井段开始倾斜的起点。

39. 垂直井深：通过井眼轨迹上某点的水平面到井口的距离。

40. 井斜角：测点处的井眼方向线与重力线之间的夹角。

41. 水泥返高：固井时，水泥浆沿着套管与井壁之间的环形空间上返的最后平面至钻井钻机转盘（补心）上平面之间的距离。

42. 人工井底：钻井或试油时，在套管内留下的水泥塞面。

43. 沉砂口袋：从油层底部到人工井底的一段套管内容积。

44. 完钻井深：从转盘上平面到钻井完成时钻头所钻进的最后位置之间的距离。

45. 油层套管：井身结构中最内的一层套管，也称完井套管。其作用是封隔油、气、水层，建立一条供长期开采油、气的通道。

46. 套管深度：从转盘上平面到套管鞋的深度。

47. 联顶节方入（联入）：转盘上平面到最上面一根套管接箍上平面之间的距离。

48. 套补距：转盘上平面到套管短节法兰上平面之间的距离。

49. **油补距：**转盘上平面到套管四通上法兰面之间的距离，也称补心高差。

50. **油管压力：**油气从井底流到井口后油管内的剩余压力，简称油压。

51. **套管压力：**套管或者油套管环形空间内，油和气在井口的压力，简称套压。

52. **套管四通：**连通油套环形空间和套管阀门及套压表的部件。

53. **油管四通：**连通油管内空间和生产阀门、清蜡阀门及油压表的部件。

54. **套管阀门：**控制油套环形空间的阀门。

55. **生产阀门：**控制油管内空间的阀门。

56. **总阀门：**在套管四通以上、油管四通以下控制油管内空间的阀门。

57. **顶丝：**压紧油管挂的一种特殊螺钉。拧紧顶丝可压住油管挂，防止井内油管上顶。

58. **井架：**支撑吊升系统的构件，其顶部安装天车，与大绳、游动滑车组成吊升系统，用于完成起、下油管、钻杆和抽油杆的作业。

59. **指重表：**井下作业中指示井内钻具悬重和动力负荷下牵引阻力瞬时值的仪表。

60. **游标卡尺：**一种测量长度、内外径、深度的量具，由主尺和附在主尺上能滑动的游标尺两部分构成。

61. **压力表：**以弹性元件为敏感元件，测量并指示高于环境压力的仪表。

62. **便携式多功能气体检测仪：**一种移动式便于携带的连续检测可燃气体、氧气以及多种毒性气体浓度的本质安全型仪器。

63. 正压式空气呼吸器：一种在任一呼吸循环过程中面罩与人员面部之间形成的腔体内压力不低于环境压力的空气呼吸器。

64. 吊环：起、下钻（管）柱时连接大钩与吊卡用的专用工具。

65. 吊卡：用于卡住并起吊油管、钻杆、套管等的专用工具。在起下管柱时，用吊环将吊卡悬吊在游车大钩上，吊卡再将油管、钻杆、套管等卡住便可进行起下作业。

66. 封隔器：具有弹性元件，用于封隔油套环形空间、隔绝产（注）层，或控制产（注）层、保护套管的井下工具。

67. 钻井泵：钻井或修井作业中增加钻井液、压井液或洗井液压力，使钻井液、压井液或洗井液能够在井内及地面管线内实现循环的设备。

68. 水龙带：在修井作业过程中用于连接水龙头与井架立管，或用于井口活动弯头与地面压井管汇连接的高压橡胶软管。

69. 水龙头：修井机旋转系统的一个部件，上部悬挂在大钩上，下部通过方钻杆与管柱相连，在循环压井液或洗井液的同时悬挂管柱，并保证钻柱旋转。

70. 转盘：修井施工中驱动钻具旋转的动力传动设备。

71. 铅模：探视井下套管损坏类型和程度、鱼顶形状、鱼顶深度、鱼顶方位的专用工具，可根据印痕判断事故性质，为制定修理套管和打捞落物的措施及选择工具提供依据。

72. 油嘴：调节油气井产量和气流的装置。

73. 井口控制装置：在井口控制井喷及油管上顶的装置。

74. 节流压井管汇：在井控工作中，若需实施压井作业，就需借助一套装有节流阀的专用管汇，通过节流阀给井内施加一定的回压并通过管汇约束井内流体，使其在控制下流动或改变流动路线，这套专用管汇称为节流压井管汇。

75. 液气分离装置：一种钻井液气体分离器，气侵钻井液初级脱气的专用设备。

76. 井下作业：为维持和改善油、气、水井的正常生产能力所采取的各种井下技术措施的统称。

77. 施工设计：作业施工的纲领性文件，是施工过程中应遵守的规定和原则。

78. 井下作业设备：用于为井下管柱或井身维修或更换提供动力的一套综合机组。

79. 开工准备：进行井下作业前，所做的直接服务于井下作业的人员、技术、设备、工具、器材、通信、照明、道路、场地、安全措施等各项准备工作。

80. 安全检查：对施工井的提升系统、循环系统、承压承载件、电路、锅炉和压力容器等部位的例行检查。

81. 起下管柱：使用提升系统将井内的管柱提出井口，逐根卸下放在油管桥上，经过清洗、丈量、重新组配和更换下井工具后，再逐根下入井内的过程。

82. 组配管柱：按照施工设计给出的下井管柱规范、下井工具的数量和顺序以及各工具的下入深度等参数，在地面丈量、计算、组配的过程。

83. 探砂面：下入管柱实探井内砂面深度的施工。

84. 冲砂：向井内高速注入液体，靠水力作用将井底沉砂冲散悬浮，并借助高速上返的液流将冲散的砂子带到地面的作业施工。

85. **洗井**：在地面向井筒内泵入具有一定性质的工作液，把井壁和油管上的结蜡、死油、铁锈、杂质等脏物混合到洗井工作液中带到地面的作业过程。

86. **压井**：将一定密度的液体泵入井内，依靠泵入液体的液柱压力平衡地层压力，使地层中的流体不能流入井筒，以便完成某项施工。

87. **替喷**：使用密度较小的液体将井内密度较大的压井工作液替换出来，从而降低井底回压的方法。

88. **二次替喷**：先将油管下到人工井底以上 1 ～ 2m，用替喷液将压井液正替至油气层顶界以上 50 ～ 100m，然后上提油管至油气层顶界以上 10 ～ 15m，装好井口，第二次用替喷液正替出井内全部压井液。

89. **套管刮削**：下入带有套管刮削器的管柱刮削套管内壁，清除套管内壁上的水泥、硬蜡、盐垢及炮眼毛刺等的作业。

90. **通井**：使用规定外径和长度的柱状规下井检查套管内径和深度的作业施工。

91. **刮蜡**：下入带有套管刮蜡器的管柱，在套管结蜡井段上下活动，刮削套管内壁的结蜡，再循环打入热水将刮下的死蜡带到地面的作业施工。

92. **套管外窜槽**：油水井套管外壁与水泥环或水泥环与井壁之间发生的窜通。

93. **找窜**：确定油水井层间窜槽井段位置的施工工艺。

94. **机械法验窜**：下入封隔器管柱，通过套压法或套溢法验证某一井段套管外是否窜通的施工工艺。

95. 封窜：对已找到的窜槽采取各种井下工艺措施，封住窜槽部位。

96. 水泥封窜：在欲封堵层段挤入一定量的水泥浆，使之进入欲封堵层窜槽内，使水泥浆凝固来达到封堵窜槽的目的。

97. 油井堵水：在油田进入高含水期开发阶段时，由于窜槽、注入水突进或其他原因，一些油井过早见水或水淹。为了消除或减少水淹造成的危害，采取的一系列封堵出水层的井下工艺措施统称为油井堵水。

98. 机械堵水：使用封隔器及其配套的控制工具来封堵高含水层，以解决油井各油层间的干扰或调整注入水平面驱油方向，提高注入水驱油效率，增加采油量的施工工艺过程。

99. 化学堵水：将化学药剂经油井注入高渗透出水层段，降低近井地带的水相渗透率，减少油井出水，增加原油产量的施工工艺过程。

100. 压井液：用于油、气、水井作业施工压井的液体。常用压井液有泥浆、清水、卤水、无固相压井液等。

101. 反冲砂：冲砂液由套管与冲砂管的环形空间进入，冲击沉砂，冲散的砂子与冲砂液混合后沿冲砂管内径上返至地面的冲砂方式。

102. 正冲砂：冲砂液沿冲砂管内径向下流动，在流出冲砂管口时以较高流速冲击砂堵，冲散的砂子与冲砂液混合后一起沿冲砂管与套管环形空间返至地面的冲砂方式。

103. 正反冲砂：采用正冲砂的方式冲散砂堵，并使其呈悬浮状态，然后改用反冲砂将砂子带到地面的冲砂方式。

104. 冲管冲砂：采用小直径的管子下入油管中进行冲

砂，清除砂堵的冲砂方式。

105. 大排量联泵冲砂：在油层压力低或漏失严重的井进行冲砂施工时，将两台以上的泵联用，进行施工的冲砂方式。

106. 机械采油法：地层本身能量不足，必须人为地用机械设备给井内液体补充能量，将原油举升到地面的方法，又称人工举升采油法。

107. 抽油机有杆泵采油：将抽油机悬点的往复运动通过抽油杆传递给抽油泵，通过抽油泵活塞上下运动带出井内液体的采油方式。

108. 检泵：在生产过程中，抽油泵常会发生各种故障，如砂卡、蜡卡、抽油杆断脱等，还经常需要加深和提高泵挂深度，改变泵径等，现场把解除故障和调整参数的工作统称为检泵。

109. 潜油电泵：将潜油电机和离心泵下入油井内液面以下进行抽油的井下举升设备。

110. 脱接器：在抽油泵活塞直径大于上部油管内径的情况下，用于抽油杆与活塞之间的对接和脱开，解决小直径油管下大直径抽油泵问题的井下工具。

111. 活堵：在井下抽油泵作业时，用于密封油管通道，保证下泵作业顺利完成的井下工具。

112. 光杆：抽油杆上部第一根特殊的抽油杆。

113. 冲程：泵的活塞上、下运动一次的距离称为一个冲程，可分为上冲程和下冲程。

114. 试注：注水井完成之后，在正式投入注水之前，进行的试验性注水。

115. 试配：把注入地层的水，针对各油层不同的渗透性能，采用不同的压力注入。

116. 重配：注水井在分层配注后，常因地层情况发生变化，实际注入量达不到配注要求，需要重新配水嘴，这一施工过程称为重配。

117. 调整：根据油田地下的需要，改变原来的配注方案，从而改变配注量和封隔器位置的施工过程。

118. 坐封：封隔器下至预定位置后，在给定的方法和载荷作用下，封隔器的密封元件膨胀密封的工作状态。

119. 验封：封隔器坐封后，通过泵车打压，验证密封元件是否处于密封状态的操作。

120. 解封：当分层作业完成后需要从井内起出封隔器，按给定的方法和载荷解除封隔件的工作状态的操作。

121. 找水：油井出水后，通过各种方式确定出水层位和流量的工作。

122. 机械防砂：把机械装置下入油井，阻挡地层砂进入井内而允许地层液体流入井筒以达到产油、防砂的目的。

123. 修井：为维护和恢复油、气、水井正常生产或提高其生产能力，采取的各类故障处理方法和各项治理措施。

124. 卡钻：在起下钻具过程中，当提升系统使用与井下钻具重量相等的拉力不能起下钻或者起下钻阻力很大，不能正常进行起下钻作业的现象。

125. 打捞：捞出井下落物的作业过程。

126. 砂卡：在油水井生产或作业过程中，由于地层砂或工程砂埋住部分管柱，管柱不能提出井口的现象。

127. 落物卡：在起下钻施工中，井内落物把井下管柱卡住造成不能正常施工的事故。

128. 套管变形卡：井下管柱、工具等卡在套管内，用与井下管柱悬重相等或稍大一些的力不能正常起下作业的现象。

129. 卡点：井下落物被卡部位最上部的深度。

130. 落鱼：断落在井内的管类、杆类、绳类、仪器、小件落物等，又称井下落物。

131. 鱼顶：井下落物的顶部，又称鱼头。

132. 探鱼：为了解落鱼鱼头在井下的位置和状态，利用下接打捞工具或仪器的管柱探测鱼头的过程。

133. 摸鱼：利用管柱下端连接打捞工具，在井下寻找和拨正落物并使之进入打捞工具内的过程。

134. 方入：管柱遇阻或到达预定深度时，最后一根管柱进入井口装置上法兰面以下的长度。

135. 方余：管柱遇阻或到达预计深度时，最后一根管柱在井口装置上法兰面以上的剩余长度。

136. 侧钻：在油水井的某一特定深度固定一个斜向器，利用其斜面造斜和倒斜作用，用铣锥在套管的侧面开窗，从窗口钻出新井眼，然后下尾管固井的一整套工艺技术。

137. 工程测井：在油水井生产过程中，对井下技术状况监测的测井方法。

138. 磁性定位测井：根据井壁磁通量变化，利用磁性定位器检查井下工具深度的一种测井方法，广泛应用于各种工艺管柱的作业质量检查。

139. 井径测井：利用井径仪测得套管内径变化曲线，确定套管损坏状况和位置的测井方法。

140. 放射性同位素法找水：以人为方法提高出水层段放射性活度为基础判断出水层位的方法。

141. 射孔：用电缆或油管将射孔器送入套管内，对准油层深度，通过通电点火或机械撞击使射孔器炮弹爆炸，产生高温、高压、高速的金属喷射流，将套管、水泥环和油层射开，射开的通道作为油气从油层流入井筒的通道。

142. **正压射孔**：射孔时，静液柱压力大于地层压力。

143. **负压射孔**：射孔时，静液柱压力小于地层压力。

144. **补孔**：根据井下作业工艺要求，对原射孔段需增加孔眼密度或因首次射孔哑炮、假炮等而未射开的进行再次射孔。

145. **试油**：利用专用的设备和方法，对通过地震勘探、钻井录井、测井等间接手段初步确定的可能含油（气）层位进行直接的测试，并取得目的层的产能、压力、温度、油气水性质以及地质资料的工艺过程。

146. **诱喷**：有自喷能力的井试油（气）或投产时，采用各种措施使井底压力低于地层压力，诱导油（气）从油（气）层中流入井底，再喷出井口。

147. **气举**：使用高压气体压缩机向井内打入高压气体，用高压气体置换井筒内液体的施工方法。

148. **油层水力压裂**：油气井增产、注水井增注的一项重要技术措施，简称压裂。它利用地面高压泵组，将压裂液以大大超过地层吸收能力的排量注入井中，在井底造成高压，并超过地层的破裂压力，使地层破裂，形成裂缝并使裂缝延伸，随即将掺带支撑剂的液体注入裂缝中，并在裂缝内填以支撑剂，停泵后地层中即形成有足够长度和一定宽度及高度的填砂裂缝。

149. **压裂液**：压裂施工过程中，向井内挤入的全部液体。根据压裂液在压裂施工不同阶段的作用，分为前置液、携砂液、顶替液三部分。

150. 压裂支撑剂： 油层被压开裂缝后，填到裂缝中的固体颗粒物质。作用是支撑裂缝，使裂缝保持张开状态并具有较高的渗透率，达到压裂增产、增注的目的。

151. 裂缝导流能力： 表示填砂裂缝在闭合压力的作用下让流体通过的能力。其值为闭合压力下填砂裂缝的渗透率与裂缝宽度的乘积，单位为 $\mu m^2 \cdot cm$。

152. 增产倍数： 压裂措施增产效果的指标，可用油气井压裂后与压裂前的采油指数之比表示，也可用相同生产条件下，压裂后产量与压裂前产量之比表示。

153. 砂比： 支撑剂与携砂液的体积比，用于表示携砂液中支撑剂的浓度。有时也用单位体积液体中支撑剂的质量或用单位混砂液中砂的质量表示。

154. 裂缝闭合压力： 泵注停止后，作用在裂缝壁面上使裂缝似闭未闭的压力，是影响裂缝导流能力的重要因素，又称闭合应力。裂缝闭合压力的大小与地层最小水平应力有关。

155. 水平裂缝： 压裂时形成的垂直于井筒、与油层平行的水平方向延伸的人工裂缝。水平裂缝约为圆形，地层垂向应力较小时，易形成此种形态的裂缝。

156. 垂直裂缝： 压裂时形成的与井轴在同一平面上且垂直于油层的人工裂缝，一般沿井筒两侧同时延伸。对于深井，垂向应力较大，易形成此种形态的裂缝。

157. 压裂隔层： 夹在两个相邻储层之间阻隔二者串通的不渗透岩层。

158. 油管压裂： 采用油管连接封隔器、喷砂器及水力锚等下井工具，对目的油层进行压裂施工的方式。

159. 套管压裂： 井筒内不下入压裂管柱，利用套管作为通道对目的油层进行压裂施工的方式。

160. 页岩油：以页岩为主的页岩层系中所含的石油资源，其中包括泥页岩孔隙和裂缝中的石油，也包括泥页岩层系中的致密碳酸盐岩或碎屑岩邻层和夹层中的石油资源。

161. 致密油：夹在或紧邻优质生油层系的致密储层中，未经过大规模长距离运移而形成的石油聚集，储层岩性主要包括致密砂岩、致密灰岩和碳酸盐岩。

162. 预探井：在油气勘探的圈闭预探阶段，在地震详查的基础上，以局部圈闭、新层系或构造带为对象，以发现油气藏、计算控制储量和预测储量为目的的探井。

163. 评价井：在地震精查的基础上（复杂区应在三维地震评价的基础上），在已获得工业性油气流的圈闭上，为查明油气藏类型、构造形态、油气层厚度及物性变化，评价油气田的规模、产能及经济价值，以建立探明储量为目的而钻的探井。

164. 酸化：利用酸液的化学溶蚀作用及向地层挤酸时的水力作用，解除油层堵塞，扩大和连通油层孔隙，恢复和提高油层近井地带的渗透率，从而达到增产、增注的目的。

165. 酸溶解力：给定的体积或质量的酸液溶解矿物的量。

166. pH 值：氢离子浓度指数，衡量溶液酸碱性的指标。pH 值的范围为 0 ～ 14，当 pH 值小于 7 时，溶液呈酸性，值越小，酸性越强；当 pH 值等于 7 时，溶液呈中性；当 pH 值大于 7 时，溶液呈碱性，值越大，碱性越强。

167. 带压作业：在油、气、水井井口带压状态下，利用专业设备在井筒内进行的作业。

168. 带压作业油管内压力控制：在带压作业过程中，

采取一定的工艺和措施控制油管内流体外泄的一种技术。

169. 最大无支撑长度：在带压下入管柱时，管柱在轴向上受压不产生弯曲变形的长度。与下推力和管柱强度有关。

170. 中和点：被卡管柱中既不受压力又不受拉力的点。

171. 带压作业油管堵塞器：用于截断井内油管柱流体通道的井下工具，包括钢丝桥塞、固定式堵塞器和单流阀等。

172. 带压作业机：在油、水、气井内有压力的情况下，用于抽油杆、油管起下、磨铣、打捞等作业，并能有效控制井内压力，预防发生井涌或井喷事故的特种作业设备。

173. 连续油管：由若干段长度在百米以上的柔性管通过对焊或斜焊工艺焊接而成的无接头连续管，又称挠性油管、蛇形管或盘管。

174. 连续油管连接器：用于连接连续油管和井下工具的专用接头，主要包括外连接器和内连接器两大类。固定方式主要分为卡瓦式、压环式、螺钉式、凹坑式。

175. 连续油管安全接头：一种连续油管用丢手工具，通过投球或循环加压或上提额定载荷使工具上下部分分离，丢手部分设计有专用打捞颈。

176. 螺杆马达：一种将液压能转变为机械能的能量转换装置，通过在马达转子上施加液压，使得马达带动钻具连续旋转运动，为井下作业提供动力。

177. 马达头总成：由双活瓣单流阀、液压丢手和双作用循环阀组成的工具组合。

178. 连续油管钻磨桥塞：应用连续油管底部携带钻磨工具串（磨鞋 + 马达）下至桥塞位置后，通过地面泵车提供的水力液压动力带动井下磨鞋高速旋转，将桥塞磨铣成细小碎屑，通过井筒循环返至地面的一种作业工艺。

179. 连续油管用水力喷枪：由上接头、下接头、本体、衬套组成。上接头、下接头外表面高频淬火，具有防返溅功能；本体上嵌有喷嘴，能够喷射出高速流体，射穿套管和地层；衬套采用合金，高度耐磨。

180. 水力喷砂射孔：利用喷嘴喷出的含砂高速射流的冲蚀作用，射穿套管、水泥环至地层，形成井筒与地层间连通孔道的一种作业工艺。

181. 连续油管底封拖动环空加砂压裂：利用底部封隔器将射孔段与下部进行有效封隔，先进行水力喷砂射孔后，再通过连续油管和套管之间环空进行加砂压裂，完成目的层施工后，上提解封封隔器，拖动工具串依次对目的层进行水力喷砂射孔和压裂的工艺技术。

182. 连续油管用旋转喷头：一种可沿工具轴线旋转的喷头，多用于油井清蜡施工，也称旋转喷嘴。

183. 连续油管用旋流喷头：一种能产生旋转射流的固定喷头，多用于水井除垢施工，也称旋流喷嘴。

184. 连续油管燃爆切割：利用连续管将切割弹下到预定位置，通过逐级打压的方式引爆切割弹，实现“高温熔爆切割”，一次性起出切割点以上管柱的工艺。

185. 自吸罐（污油污水回收装置）：通过真空泵抽吸，使罐体内形成负压状态，然后用与罐体连接的吸入管，将施工现场的污油污水吸入罐体内的污油污水回收装置。

186. 液压猫道：能够通过举升臂举升和伸缩臂伸缩，将地面管柱举升到井口操作平台或钻台上的修井和作业专用机械化设备。

187. 液压吊卡：用液压控制吊卡活门开启或关闭及吊

卡轴线在一定程度内偏转，以便实现吊卡与管柱顺利挂合的修井、作业专用机械化设备。

188. 气动卡瓦：通过给气缸充气或放气控制卡瓦开启或关闭，实现井口管柱卡紧或放松，以便管柱能够上提或下放的修井专用自动化工具。

189. 液压系统排空：打开修井机或作业机液压操作系统“C”阀，挂合液压泵，让液压系统进行充分的空循环，排出液压系统中可能存在的空气的操作过程。

190. 盘刹滚筒紧急刹车：按下修井机操作台紧急刹车按钮，控制工作钳和安全钳同时刹车的操作。

191. 带刹滚筒防碰刹车：修井机上提大钩到距离井架天车 2.5m 时，滚筒大绳触碰防碰阀触碰杆使防碰气路打开，控制防碰刹车气缸进行刹车，同时滚筒离合器放气的刹车过程。

（二）问答

1. 石油的化学组成是什么？

石油主要由碳、氢及少量的氧、硫、氮组成，其中碳一般占 83% ～ 87%，氢占 10% ～ 14%。

2. 石油的组分是什么？

石油的组分是油质、胶质、沥青质、碳质。

3. 地面石油的主要物理性质是什么？

地面石油的主要物理性质：（1）颜色；（2）原油密度和相对密度；（3）原油黏度；（4）溶解度；（5）饱和压力；（6）发热量。

4. 天然气的化学组成是什么？

天然气主要由烃类气体组成，包括甲烷、乙烷、丙烷、丁烷，还有少量的二氧化碳、一氧化碳、氢、硫、氮等惰性气体。

5. 天然气的主要物理性质有哪些？

天然气的主要物理性质主要：(1) 颜色和气味；(2) 相对密度；(3) 黏度；(4) 溶解度；(5) 发热量。

6. 油、气、水在地下是怎样分布的？

在一个油气藏内，油、气、水按三者的密度关系分布，即气在上，油在中，水在下。

7. 油气在储层内部是如何运移的？

油气运移时水动力起主要作用，即充满在岩石中的水在流动过程中带动油气运移。油气运移时，总是从压力高的地方向压力低的地方进行，从浓度高的地方向浓度低的地方运移。

8. 油藏的驱动方式有哪些？

油藏的驱动方式有水压驱动、弹性驱动、溶解气驱动、气顶驱动和混合驱动。

9. XJ250、XJ60、XJ1350 作业机（修井机）型号标识中数字的含义是什么？

XJ250 作业机型号标识中数字的含义是滚筒输入功率为 250hp（184kW）；XJ60 作业机型号标识中数字的含义是额定钩载为 60t；XJ1350 修井机型号标识中数字的含义是极限净钩载为 135t。

10. 履带式修井机和轮胎式修井机各自的优缺点是什么？

履带式修井机的优点是动力越野性好，适用于低洼泥泞地带施工；缺点是行走速度慢。

轮胎式修井机的优点是行走速度快，施工效率高，适合快速搬迁；缺点是在低洼泥泞地带及雨季、翻浆季节行走和进入井场相对受到限制。

11. 作业机的用途是什么?

作业机的用途：起下钻具、油管、抽油杆、井下工具和其他专用工具用具；转盘旋转带动井内管柱转动，实现磨铣和钻进，并完成抽汲排液、落物打捞、解卡等任务。

12. 作业机主要由哪几部分组成?

作业机主要由动力系统、传动系统、游动系统、液压系统、气控操作系统、井架、行走系统七部分组成。

13. 作业现场使用的防爆电器有哪几类?

作业现场使用的防爆电器有隔爆型防爆电器和正压防爆型防爆电器两种类型。

14. 作业机井架由哪些主要部件组成?

作业机井架主要由井架本体、二节井架锁止机构、二节井架起升液压缸、井架倾角调整丝杠、防风绷绳、负荷绷绳、天车、Y 形支腿共八部分组成。

15. 井架天车主要由哪些部件组成?

井架天车主要由滑轮组、滑轮轴、轴承、轴承支座、润滑油嘴及防跳槽装置等部件组成。

16. 修井机游动滑车主要由哪些部件组成?

修井机游动滑车主要由滑轮组、滑轮轴、轴承、轴套、侧板、限位销、润滑油嘴等部件组成。

17. 修井机大钩主要由哪些部件组成?

修井机大钩主要由钩体、钩舌、钩脖、负荷轴承、减振弹簧组、连接销、钩体旋转锁止装置、壳体等主要部件组成。

18. 大钩的作用是什么？

大钩的作用是悬挂水龙头、方钻杆、吊环、吊卡、井内管柱，及完成修井作业的其他辅助施工。

19. 修井机转盘的作用是什么？按结构或传动方式如何分类？

转盘是石油修井的主要地面旋转设备，用于修井时旋转钻具钻开水泥塞和坚固的砂堵，在处理事故时进行倒扣、套铣、磨铣等工作，在进行起下作业时用于悬持钻具等。常用修井转盘按结构形式分有船形底座转盘和法兰底座转盘两种形式，按传动方式分为轴传动和链条传动两种形式。

20. 钢丝绳在井下作业施工中的用途有哪些？

在井下作业施工中，用钢丝绳将滚筒与游动滑车之间的进行连接，使修井机滚筒、井架天车、游动滑车及大钩连接成统一的吊升系统，将滚筒转动力转变为游动系统的提升力，完成井下作业施工的管柱起下工艺和悬吊井口设备等作业；还用作井架绷绳，固定稳定井架，增加井架承载能力。

21. 井下修井作业现场常用的钢丝绳有哪几类？

修井作业现场常用的钢丝绳按直径尺寸分类有 10mm、13mm、16mm、19mm、22mm、25mm、29mm 共七种；按股数和绳数分类有 6 股 ×19 丝、6 股 ×24 丝、6 股 ×37 丝共三种；按其捻制方法分类有顺捻和逆捻两种。

22. 钢丝绳强度分为几级？

钢丝绳强度一般分为三级，即普通强度（P）、高强度（G）和特高强度（T）。

23. 钢丝绳的报废标准是什么？

钢丝绳的报废标准：一股断 3 丝，一扭绳随机分布断 6

丝；严重锈蚀，润滑不良导致磨损超标；局部压扁、挤压变形超标或打结；股间扭力不足，存在松股缺陷。

24. 吊环的作用和使用注意事项是什么？

作用：悬挂吊卡，完成管柱起下和重物吊升等工作。

注意事项：吊环应与大钩和吊卡配套使用；双吊环不得使用单环起吊重物；吊环长度、磨损量和变形量不得超过使用标准。

25. 活门式吊卡由哪些部件组成？其特点是什么？

活门式吊卡由主体、锁销、手柄、活门等部件组成。特点是承重力较大，适于较深井钻柱的起下。

26. 水龙带由什么组成？

水龙带由高压橡胶软管和端部接头两部分组成。高压橡胶软管由无缝耐磨、耐油的合成橡胶内胶层、纤维线编织的保护层、方向交变的螺旋金属钢丝缠绕的中胶层和耐磨、耐油、耐热、耐寒的合成橡胶外胶层组成。

27. 采油树的作用是什么？

采油树用于油气井的流体控制和作为生产通道。采油树和油管头是连在一起的，是井口装置的重要组成部分。

28. 采油树的连接方式有哪几种？

采油树各部件的连接方式有法兰连接、螺纹连接和卡箍连接三种。

29. 井口装置的作用是什么？

在完井以后，井口装置用于悬挂油管，承托井内的全部油管柱重量；密封油管、套管间的环形空间，控制和调节油井的生产；有序控制各项井下作业，如诱喷、洗井、打捞、酸化、压裂等的施工；录取油压、套压资料，进行测压、清蜡等日常生产管理。

30. 井口装置由哪几部分组成？

井口装置由套管头、油管头及采油（气）树三部分组成。

31. 套管头的作用是什么？

套管头的作用是悬挂技术套管和油层套管并密封各层套管间环形空间，为安装防喷器和油管头等上部井口装置提供过渡连接，并且通过套管头本体上的两个侧口可以进行补挤水泥和注平衡液等作业。

32. 油管头的作用是什么？

油管头用于悬挂油管柱，密封油管柱和油层套管之间的环形空间，为下接套管头、上接采油树提供过渡。通过油管头四通体上的两个侧口，接套管阀门，可完成套管注入、洗井作业或作为高产井油流生产通道。

33. 管钳的作用是什么？

管钳是转动金属管或其他圆柱形工件上、卸螺纹的工具，是井下施工作业连接地面管线和连接下井管柱的主要工具。

34. 管钳的使用及保养注意事项主要有哪些？

（1）使用管钳时应先检查固定销钉是否牢固，钳头、钳柄有无裂痕，有裂痕者不能使用；（2）较小的管钳不能用力过大，不能同加力杠同时使用；（3）不能将管钳当锤子或撬杠使用；（4）用后要及时洗净，涂抹黄油，防止旋转螺母生锈，放回工具架上或工具房内。

35. 活动扳手的作用和使用方法是什么？

作用：开口大小可在规定的范围内调节，拧紧或卸下不同规格螺母、螺栓。

使用方法：（1）根据所上、卸的螺母、螺栓的规格选用合适的扳手；（2）调节开口大小，夹紧螺母、螺栓；

（3）拉动扳手，拉力的方向与扳手的手柄成直角。

36. 固定扳手的作用和使用方法是什么？

作用：固定扳手是只能上、卸一种规格的螺母、螺栓的专用工具。

使用方法：（1）选择与螺母、螺栓的尺寸大小相适应的固定扳手；（2）检查固定扳手有无影响使用的损伤；（3）用扳手开口卡住螺母、螺栓，拉动扳手，拉力的方向与扳手的手柄成直角。

37. 固定扳手的使用及保养注意事项主要有哪些？

（1）使用时可以砸击，但应防止固定扳手飞起或断裂伤人；（2）扳转固定扳手应逐渐用力，防止用力过猛造成滑脱或断裂；（3）固定扳手使用时，要防止夹伤手指；（4）用后及时洗干净，避免丢失。

38. 喇叭口的作用是什么？

（1）一旦下井工具（刮蜡片、压力计、流量计等）掉到井底，打捞时容易进入油管；（2）便于流量计等下过油管的仪器，上提时经喇叭口顺利进入油管；（3）喇叭口有利于石油从油层进入井底后捕集到油管里，使油中的天然气更有效地举升石油。

39. 作业施工中应有哪几项设计？

作业施工中应有地质设计、工程设计、施工设计。

40. 作业机井架基础应符合哪些要求？

作业机井架基础最小承载能力不得小于0.38MPa，基础应高于地面80～100mm；井架基础应平整坚固，水平度不大于0.5°；Y形支腿与基础连接拉筋及连接销齐全，连接可靠；井架基础位置与井口距离应符合安全使用要求，不得过大或过小；井架基础周围场地应平整，且铺有防渗布。

41. 作业机井架绷绳的选用和调整标准是什么？

作业机井架绷绳直径不小于16mm，无打结、锈蚀、夹扁、超标断丝等缺陷，负荷绷绳垂度为150～250mm，防风绷绳垂度为250～350mm。

42. 地锚的选用标准是什么？

地锚应使用长度不小于1.8m、直径不小于73mm的石油钢管；钢筋混凝土地锚的外形尺寸应采用1000mm×1000mm×1300mm（长×宽×高）。

43. 作业机滚筒大绳的选用要求是什么？

作业机滚筒大绳一般选用6股×19丝、逆捻、纤维绳芯钢丝绳，根据滚筒原始设计要求选择钢丝绳直径尺寸，根据天车、游动滑车滑轮数量及大钩垂点高度选择钢丝绳总长度。

44. 封井器的作用是什么？

封井器（防喷器）用于在试油修井和作业过程中关闭井口，防止井喷事故的发生，并可用作地层测试的配套设备。

45. 封井器如何分类？

封井器可分为半封封井器、全封封井器和自封封井器。

46. 安全卡瓦的操作方法是什么？

当下压手把时，连杆机构带动卡瓦闭合，卡住油管，制止油管上顶。向上抬起手把，卡瓦就张开，松开被卡住的油管。

47. 作业现场燃油锅炉的摆放要求有哪些？

（1）距离油水井井口、燃油罐（储油池）不小于30m，距离气井井口不小于50m；（2）位置应在井口上风向或侧风向；（3）锅炉房与值班房距离不小于4m。

48. 交接井有哪些要求？

（1）开工前，通知施工井所在采油队，约定时间到井上交接井。（2）按规定进行交接，采油工详细介绍，作业队认真作好记录。交清地面流程、电路、流程保温、设备完好情况、井场情况及井场外围环保情况；交清井生产情况；对井口设备与井场设施逐点进行交接。（3）由采油队负责倒好流程，施工过程中不能轻易改动，以保证施工完顺利投产。（4）双方在现场认真填写油井作业施工交接书，经甲乙双方签字，一式两份，各持一份。

49. 井场安全标识应满足哪些要求？

（1）井场应使用安全警示带围好，高度为 0.8 ～ 1.2m；插好警示旗。（2）井场应有明显的安全警示标识，至少应有“必须戴安全帽”“禁止烟火”“必须系安全带”“当心机械伤人”“当心触电”“当心高空坠落”“当心井喷”“当心环境污染”。（3）井场安全通道畅通并做明显标识，安全区域位置合理标识清楚。（4）井场应设置风向标（风向袋、彩带、旗帜或其他相应装置），应设置在现场容易看到的地方。

50. 作业机搬迁和就位有哪些要求？

提前勘察搬家路线和新井场施工条件，确认无限高设施和供电电缆及通信线缆高度不足情况，道路基础坚实符合作业机通过要求，确认新井场及周围环境是否符合安全施工要求；搬迁前要检查确认行走系统完好，一、二节井架和大钩等各部件固定牢靠；驾驶人员需具有作业机安全驾驶条件；到达新井场后，由专人指挥作业机倒入安装限定位置，保证车体中心线与井口中心在一条直线上，车体调平时前后和左右水平偏差不得大于 0.5°，井架基础和作业机基础承载能力符合安全要求。

51. 搭管杆桥有哪些要求？

（1）检查井场地面是否平整，检查桥座是否完好；管、杆桥摆放位置要合理，确保逃生路线通畅；管、杆桥下做好防渗。（2）搭管杆桥时各岗位密切配合防止磕碰；桥座摆放平稳牢固，抬油管时轻抬轻放。（3）管杆桥搭在距井口 2m 处，管桥搭 3 道桥，相邻两道桥间距 3 ～ 3.5m，管桥距地面高度不低于 0.3m，每道桥 5 个支点；杆桥搭 4 道桥，相邻两道桥间距 2 ～ 2.5m；杆桥距地面高度不低于 0.5m，每道桥四个支点。（4）管杆桥搭好后检查整体摆放位置是否平整牢固。

52. 作业机提升系统安全检查的内容有哪些？

作业机提升系统安全检查的内容有：地锚桩、地锚桩绳套、绷绳调整螺栓、负荷绷绳和防风绷绳垂度、井架基础、大绳死绳头和活绳头、拉力表和指重拉力传感器、井架和 Y 形支腿、天车、游车大钩、大钩防碰高度、滚筒大绳、滚筒刹车毂、刹车片、刹车间隙、防碰刹车控制机构、刹车操作和刹车执行机构。

53. 试提的作业规程是什么？

（1）试提用短节应符合要求，螺纹无损伤，涂润滑脂，旋紧；（2）顶丝卸松退到位；（3）试提悬重不超过井内悬重 200kN；（4）指重表或拉力计精度等级符合规定；（5）试提时，井口操作台及井口周围 10m 以内严禁站人，各绷绳桩锚处应专人监视，出现异常立即停止试提；（6）在规定悬重内提不动时，应停止试提，查明原因，采取相应措施。

54. 起抽油杆的作业规程是什么？

（1）装有脱接器的井，起第一根抽油杆时要缓慢上提，以保证脱接器顺利脱开；装有开泄器的井，当开泄器接近泄油器时也要缓慢上提，以保证顺利打开泄油器；上提抽油杆柱遇阻时，不能盲目硬拔，查明原因制定措施后再进行处理。装有防偏磨装置的井，起杆前必须落实油管是否断脱，防止起抽油杆时刮掉防磨装置，造成事故。（2）起抽油杆前要加深探泵，核实是否有管柱断脱，发现异常要分析上报。各岗位要密切配合，防止起杆时造成抽油杆变形，防止造成井下落物。（3）遇井喷时，起抽油杆要装上抽油杆自封再进行起下杆柱作业，防止污染环境。（4）平稳起完抽油杆及活塞，检查杆柱情况，做好记录。

55. 起管柱的作业规程是什么？

（1）根据动力提升能力、井深和井下管柱结构的要求，管柱从缓慢提升开始，随着悬重的减少，逐步加快至规定提升速度。（2）使用气动卡瓦起油管时，待刹车后再卡卡瓦，卡瓦卡好后再开吊卡，严禁猛刹刹车。（3）应使用液压钳卸油管螺纹，待螺纹全部松开后，才能提升油管。（4）起大直径井下工具通过大斜度井段、水平井段、拐点及最后几根油管时，提升速度应不大于 5m/min，以防止碰坏井口、拉断拉弯油管或损坏井下工具。（5）起出油管应按先后顺序排列整齐，每 10 根一组摆放在牢固的油管桥上，摆放整齐并按顺序丈量准确，做好记录。（6）油管滑道要顺直、平稳、牢固，起出油管单根时，应放在小滑车上顺道推下。（7）起油管过程中，随时观察并记录油管和井下工具有无异常，有无砂、蜡堵、腐蚀及偏磨等情况。（8）应对起出的油管或工具进行检查，对不合格的及时进行标识、隔离或更换。（9）起立柱时，起完管柱或中途暂停作业时，井架工应从二层平台上将管柱固定。（10）每起 10 ～ 20 根油管灌注一次修井液，确保井筒稳定。

56. 组配管柱的程序是什么？

（1）用蒸汽清洗油管、抽油杆，确保下井油管、抽油杆及工具清洁。（2）螺纹损坏、杆体弯曲、接头或杆体磨损严重，或有其他变形的抽油杆不许下井；螺纹损坏、管体有砂眼、孔洞、裂缝的油管不许下井；必要时应检测油管和抽油杆抗疲劳强度。（3）ϕ73mm 普通油管使用 ϕ59mm×800mm 内径规通油管，ϕ89mm 油管使用 ϕ73mm×800mm 内径规通油管，不合格油管不许下井。（4）油管和抽油杆要丈量 3 次，做好记录，3 次丈量结果下井管柱总长度误差小于 0.02% 为合格。（5）组装下井工具做到设计、合格证、实物三对口，复核无差错后方可下井。

57. 光杆的作用是什么？

光杆主要用于连接驴头毛辫子与井下抽油杆，由井口密封盒密封，并将地面往复动力传递给井下抽油杆。

58. 下管柱的作业规程是什么？

（1）下井油管螺纹应清洁，连接前应均匀涂密封脂；密封脂应涂抹在油管外螺纹上，不应涂抹在内螺纹处。（2）下油管过程中，严格落实井控管理制度，注意出口返出观察，核实排替量、溢出量。（3）油管外螺纹应放在小滑车上或戴上护丝拉送；拉送油管的人员应站在油管侧面，不应骑跨油管。（4）用液压钳上油管螺纹，下井油管螺纹不准上斜，应上满扣、旋紧，同时观察扭矩仪显示数据。（5）应控制油管下放速度，当下到接近设计井深的最后几根时，下放速度不应超过 5m/min。（6）大直径工具在通过射孔井段、大斜度井段时，下放速度应不大于 5m/min。（7）油管未下到预定位置遇阻或上提受卡时，应及时分析井下情况，校对各项数据，查明原因及时解决。（8）油管下至设计深度后，用提升短节接上清洗干净的油管挂（装有密封圈），对好井口下入井坐稳，再顶上顶丝。

59. 下抽油杆柱的作业规程是什么？

（1）抽油杆下井前清洗干净，涂螺纹密封脂，抽油杆长度要丈量 3 次，每 1000m 误差小于 0.2m，按设计核准后方可进行下杆作业；空心抽油杆应安装密封圈。（2）下放抽油杆速度缓慢，避免中途遇阻压弯抽油杆：计算丈量数据，抽油泵柱塞等距泵筒引道 30m 时，下放速度要减慢。（3）将抽油泵柱塞自然置入泵工作筒固定阀上，调整光杆高度，外露悬绳器以上 0.8 ～ 1.2m，然后按 1 ∶ 1000 的比例上提防冲距或执行设计要求；下脱接器或杆式泵的井，按设计上提拉力上提，以检验其是否下入成功。（4）地面驱动螺杆抽油泵下转子至定子上部时，调整抽油杆长度，下入光杆，记录转子进入定子前杆柱悬重，下放速度不大于 1m/min，至探得泵底或定位销；使空心轴减速箱孔、光杆密封盒通孔与井口三点成一线；上提光杆，使悬重达记录值后，才可按设计提防冲距。

60. 压井方式如何选择？

（1）对有循环通道的井，可优先选用循环法全压井或半压井；（2）对没有循环通道的井，可选用挤注法压井；（3）对压力不大、作业施工简单、作业时间短的井，可选择灌注法压井。

61. 正循环压井与反循环压井各自有什么特点？

（1）正循环压井适合低压井，优点是对地层回压小、污染小，缺点是对高产井、高压井、气井，易造成压井液气侵而使压井失败，压井成功率比反循环压井低。（2）反循环压井的缺点是对地层回压大、污染大，优点是对高产井、高压井、气井，压井成功率比正循环压井高。

62. 替喷的原理是什么？

替喷是指用密度小的液体将井内密度大的液体替出，一般采用正替喷。

63. 替喷的目的和作用是什么？

替喷可替出井内的压井液和井内压井工作液沉淀物，恢复油井生产。

64. 为什么要探砂面？

探砂面可以为下一步下入的其他管柱提供参考依据，也可通过探砂面深度了解地层出砂情况。

65. 探砂面的作业规程是什么？

（1）可用原井管柱（如果原井管柱不带抽油泵、封隔器等下井工具）探砂面，起出后，应核实井内管柱。（2）下入光油管探砂面，必须装灵敏度较好拉力计（表）观察悬重变化；操作要求平稳，严禁软探砂面。（3）下油管进入射孔井段后，应控制下放速度，管柱遇阻后，连探三次，拉力计（表）负荷下降 20 ～ 30kN、数据一致为砂面深度。

66. 什么情况下需要冲砂？

如果砂面过高，掩埋油层或影响下一步要下入的其他管柱就需要冲砂。

67. 正洗井和反洗井的优缺点是什么？

正洗井对井底造成的回压较小，但洗井工作液在油套环空中上返速度稍慢，对套管上脏物冲洗力度相对小些；反洗井对井底造成的回压较大，洗井工作液在油管中上返速度较快，对套管上脏物冲洗力度相对大些。为保护油层，管柱结构允许时，应采取正洗井。

68. 通井的目的是什么？

通井是为了消除套管内壁的杂物或毛刺，使套管内畅通无阻；核实人工井底深度，检测套管变形后能通过的最大几何尺寸。

69. 通井规的选择标准是什么？

（1）通井规外径要比套管内径小 6 ～ 8mm，通井规的壁厚为 3.5 ～ 5mm。（2）普通井通井规长度为 1.2m，特殊作业井的通井规长度应比下井工具的最大直径大 50 ～ 100mm。（3）水平井应采用橄榄形状的通井规，最大外径应比套管内径小 6 ～ 8mm，一般有效长度为 300 ～ 400mm。

70. 套管刮削器的用途有哪些？

套管刮削器主要用于常规作业、修井作业中清除套管内壁上的死油、封堵及化堵残留的水泥、堵剂、硬蜡、盐垢及射孔炮眼毛刺等。

71. 窜槽的危害是什么？

油井窜槽危害：（1）上部水层或底部水层的水窜入，影响油井正常生产，严重的水窜会造成油井全部出水而停产。（2）对浅层胶结疏松的砂岩油层，因外层水的窜入出现水敏现象，造成胶结破坏，使油井堵塞或出砂，不能正常生产；严重水侵蚀，层间的压差过大，会造成地层坍塌使油井停产。（3）因水窜加剧了套管腐蚀，降低了抗外挤或抗内压性能，严重者会造成套管变形损坏。

注水井窜槽的危害：（1）达不到预期的配注目标，影响单井（或区块）产能，同时影响砂岩地层泥质胶结强度，造成地层坍塌。（2）加剧套管外壁（第一界面）的腐蚀，降低了抗压性能，以致使套管变形或损坏。（3）导致区块的注采失调，达不到配产方案指标要求，使部分油井减产或停产。（4）给分层注采、分层增产措施带来困难。

72. 找窜的方法分为哪几种？

找窜分为声幅测井找窜、同位素测井找窜和封隔器找窜三种找窜方法。

73. 什么是封隔器找窜？

封隔器找窜是现场应用较为广泛的一种方法，即下入单级或双级封隔器至预测井段，然后挤注清水，在地面测量套压变化（套压法）或套管溢流量变化（套溢法），若套压变化或套管溢流量变化超过定值，则可以定为该井段窜槽。

74. 什么是套压法找窜？

套压法找窜是采用观察套管压力的变化来分析判断欲测层段之间有无窜槽的方法。若套管压力随着油管压力的变化而变化，则说明封隔器上、下层段之间有窜槽；反之，若套管压力不随油管压力的变化而变化，则说明层间无窜槽。

75. 什么是套溢法找窜？

套溢法找窜以观察套管溢流来判断层段之间有无窜槽的方法。采用变换油管注入压力的方式，同时观察、计量套管流量的大小与变化情况，若套管溢流量随油管注入压力的变化而变化，则说明层段之间有窜槽；反之，则无窜槽。

76. 什么是封隔器验窜？

封隔器验窜是下入封隔器管柱，通过套压法或套溢法验证某一井段套管外是否窜通的施工。

77. 封隔器找窜的注意事项有哪些？

（1）找窜前要先进行冲砂、通井、探测套管等工作；（2）油管数据要准确；（3）测量窜槽时应坐好井口；（4）当测量完一点要上提封隔器时，应先活动泄压，缓慢上提，以防止地层大量出砂，造成验窜管柱卡钻；(5) 找窜过程中显示有窜槽，应上提封隔器验证其密封，若封隔器密封则说明资料结果正确，反之更换封隔器重测。

78. 高压井封隔器找窜的方法是什么？

在高压井找窜时，可用不压井不放喷的井口装置将找窜管柱下入预定层位；油管及套管装灵敏压力表；从油管泵入液体，使油管与套管产生压差，并观察套管压力是否随油管压力变化而变化。

79. 漏失井封隔器找窜的方法是什么？

在漏失严重的井段找窜时，无法应用套压法或套溢法验证，应采取强制打液体与仪器配合的找窜方法。如采用油管打液体套管测动液面的方法，应采用套管打液体、油管内下压力计测压的方法进行找窜。

80. 有杆抽油泵按用途如何分类？

有杆抽油泵按用途可分为常规（标准）抽油泵和特种抽油泵两大类。常规抽油泵又分为管式抽油泵和杆式抽油泵两大类。

81. 什么是管式抽油泵？

管式抽油泵是按设计的泵挂深度直接将泵筒连接在井下油管的下端，活塞连接在抽油杆的最下端的抽油泵。

82. 管式抽油泵的工作原理是什么？

上冲程时，抽油杆柱带动活塞上行，游动阀（排出阀）关闭，提升柱塞上部的液体，同时泵筒的压力降低，当压力低于套管压力时，该空间的液体顶开固定阀（吸入阀）而进入抽油泵。当柱塞下行时，油泵的固定阀关闭，泵筒内的液体受压，顶开游动阀使泵筒内的液体进入油管。柱塞在抽油机的带动下，做上下往复运动，完成抽油泵抽吸工作循环。

83. 管式抽油泵结构特点是什么？

管式抽油泵结构简单，成本低；泵筒壁较厚，承载能力大；排液量大。

84. 管式抽油泵的结构是什么？

管式抽油泵可分为组合抽油泵和整筒抽油泵。（1）组合抽油泵由外工作筒和镶在外工作筒中的衬套、柱塞（柱塞内有上下游动阀）和固定阀组成。（2）整筒抽油泵由泵筒、柱塞（柱塞内有上下游动阀）和固定阀组成。

85. 特殊用途有杆抽油泵有哪几种？

特殊用途有杆抽油泵有抽稠油泵、防砂泵、防气抽油泵、大排量双作用抽油泵、整筒过桥抽油泵、斜井抽油泵和螺杆抽油泵。

86. 常用抽油杆如何分类？

常用抽油杆分为常规钢抽油杆、超高强度抽油杆、玻璃钢抽油杆、空心抽油杆和连续抽油杆。

87. 常规钢抽油杆有哪几个等级？

常规钢抽油杆一般分为 C 级、D 级和 K 级 3 个等级。

88. 超高强度抽油杆的特点是什么？

超高强度抽油杆承载能力比 D 级抽油杆提高 20% 左右，适用于深井、抽油井和大泵强采井。

89. 什么是空心抽油杆？

空心抽油杆就是指中间空心的钢质抽油杆。

90. 油管的作用是什么？

油管的作用主要是在油气井生产时提供油气流动的通道。

91. 油管的使用注意事项有哪些？

（1）油管在使用前用钢丝刷将油管螺纹上的脏物刷掉，同时检查螺纹有无损坏；（2）在油管外螺纹处均匀涂螺纹密封脂；（3）油管上扣所用的液压油管钳应有上扣扭矩控制装置，避免损坏油管；（4）油管从油管桥上被吊起或放下时，油管外螺纹应有保护装置；（5）特殊井所用油管的上扣方法和上扣扭矩，应按照油管生产厂家的要求执行；（6）作为试油抽汲管柱时，注意在抽子下入的最大深度以上要保证内通径的一致；（7）若油管下入深度较深，应使用复合油管。

92. 油管锚的作用是什么？分为哪几类？

作用：用油管锚固定油管下端，可以消除油管变形，减少冲程损失。

分类：油管锚分为机械式油管锚和液力式油管锚两大类。

93. 脱接器的使用方法是什么？

泵活塞下井前将脱接器下半部分与活塞的上部相连，脱接器的上半部分接最下端抽油杆的下端，随抽油杆下入井内，在泵筒内完成对接。

94. 为什么有时抽油泵管柱要装活堵？

因为有些抽油井具备短期自喷能力，为了在下抽油泵管柱时防喷，在泵筒下面安装活堵，可以顺利进行不压井下油管和抽油杆作业。

95. 活堵的工作原理是什么？

在下泵前调节顶杆，用顶杆顶开泵筒底部的固定阀，堵头密封泵筒及泵筒以上油管，下完油管和抽油杆后由油管打水加压 8 ～ 12MPa，将活堵憋开，堵头和顶杆落入尾管中，泵就可以正常工作了。

96. 如何装活堵？

调节活堵顶杆长度，使活堵壳体与泵体下部上满扣后，顶杆能把钢球顶离球座即可。调节好顶杆后，活堵顶杆进入泵固定阀并与泵体连接。

97. 检泵的原因有哪些？

（1）油井结蜡造成活塞卡、阀卡，使抽油泵不能正常工作或将油管堵死；（2）砂卡、砂堵；（3）抽油杆的脱扣；（4）抽油杆的断裂；（5）泵的磨损漏失量不断增大，造成产液量下降，泵效降低；（6）抽油杆与油管发生偏磨，将油管磨坏或将接箍、杆体磨断；（7）油井的动液面发生变化，产量发生变化，需查清原因；（8）根据油田开发方案的要求，需改变工作制度换泵或需加深或上提泵挂深度等；（9）其他原因，如油管脱扣、泵筒脱扣、衬套乱、大泵脱接器断脱等造成的检泵施工等。

98. 检泵施工的主要工序有哪些？

检泵施工的主要工序：施工准备、洗井、压井、起抽油杆柱、起管柱、刮蜡、通井、探砂面、冲砂、配管柱、下管柱、打压验密封、下杆柱、试抽交井和编写施工总结等。

99. 检泵井洗井或压井时，如何保护油气层？

检泵井压井或洗井作业采用的压井液必须根据油层压力系数确定密度。对于不高于静水柱压力的井，可采用清水（或低固相压井液）洗井、压井；对于漏失严重的井，可采用汽化水洗井；对于稍高于静水柱压力的井，可采用卤水（或低固相压井液）压井。但对于检泵井来讲，不论是压力高于静水柱压力还是低于静水柱压力，均应避免用钻井液压井。

100. 检泵井反循环压井有什么要求？

热洗后直接替入压井液，要求大排量、中途不得停泵，待出口返出压井液后要进行充分循环，并及时测量出口压井液相对密度，当进出口压井液相对密度差小于0.02时，关井稳定30min，打开出口无溢流量现象，则压井成功。压井过程中注意观察井口泵压、进出口排量和压井液相对密度变化，做到压井适度而不致引起井漏、井喷。

101. 检泵井刮蜡有什么要求？

（1）自喷井转抽下泵施工要进行刮蜡，检泵井施工要按设计要求决定是否进行刮蜡。（2）刮蜡深度应超过油井结蜡点深度和设计下泵深度。（3）刮蜡后要替入井筒容积2倍的热水，循环出井筒的死油和蜡，水温不得低于70℃。

102. 安装采油树的技术要求是什么？

（1）安装采油树，要装正放平，连接好各部件，做到不渗、不漏、不松动，配件齐全，管线畅通；（2）抽油机井上紧抽油杆密封装置；（3）偏心采油树的测试偏孔位于驴头的正前方向。

103. 安装光杆时应注意的问题有哪些？

一是光杆的方入，二是光杆的方余。光杆方入要大于深井泵的最大冲程。若方入短，光杆在上行时上挂井口，会使防喷盒损坏。光杆方余要保证在调好防冲距后，驴头在下死点时，井口防喷盒以上裸露1.5m左右。若方余过短，在检泵后，不能进行碰泵操作。除上述外，还要求光杆保持垂直、无弯曲、无伤痕并与密封盒密封良好。

104. 调防冲距的原则是什么？

按每100m泵挂深度调防冲距50～100mm的原则，调好防冲距。但要注意，在保证活塞不撞击固定阀的前提下，防冲距越小越好。

105. 试抽憋压的技术要求有哪些？

试抽憋压技术要求：压力为 3 ～ 5MPa，稳压 15min，压降小于 0.3MPa 为合格。

106. 检泵质量的十字作业要求是什么？

施工要达到“清洁、密封、准确、及时、精良”十字作业要求。

107. 地面驱动螺杆泵主要由哪几部分组成？

地面驱动螺杆泵主要由电控部分、地面驱动部分、井下螺杆泵、配套工具四部分组成。

108. 螺杆抽油泵的特点是什么？

螺杆抽油泵具有地面设备体积小、安装方便、无污染、能耗低等特点。

109. 螺杆泵为什么要有防脱措施？

因为螺杆泵的转子在定子内顺时针转动，工作负载直接表现为扭矩，转子扭矩作用在定子上，定子扭矩会使上部的正扣油管倒扣造成管柱脱扣，所以螺杆泵必须有防脱措施。

110. 螺杆泵下泵管柱的注意事项是什么？

如螺杆泵锚定工具是支撑卡瓦，下入泵和第一根油管后，试坐卡瓦（上提管柱 1m，缓慢下放坐卡瓦）。试坐成功后上提管柱 1m 解封，继续下管柱。更换油管吊卡时，注意上提高度不允许超过 400mm，以防支撑卡瓦中途坐封，如中途坐封，缓慢上提管柱 1m 以上，然后缓慢下放管柱解封，要平稳操作。

111. 螺杆泵坐封锚定工具的方法是什么？

（1）坐支撑卡瓦时，上提管柱 800mm 左右，缓慢下放油管，坐卡位置（油管头上平面与套管法兰平面距离）控制在 10 ～ 20mm，如坐封尺寸不合适，可反复几次，直至达到要求。用钢丝绳压下油管挂，上紧顶丝。(2) 如锚定工具用水力释放，连接好油管挂，上提管柱至设计高度，连接好打压释放管线，打压至锚定工具设计压力，坐封后，用钢丝绳压下油管挂，上紧顶丝。

112. 潜油电泵装置的标准管柱结构是什么？

潜油电泵装置的标准管柱自下而上依次为潜油电机、保护器、分离器、潜油泵、单向阀、泄油阀。

113. 起下潜油电泵管柱有哪些要求？

(1) 油井作业机必须有合适的工作能力及良好的操作条件，井架必须有足够的高度以方便高效率服务；(2) 必须使作业机司机意识到所安装的潜油电泵为精密设备；(3) 负责安装或起出潜油电泵的作业人员应严格按规程操作；(4) 井口、游动滑车、天车应三点一线，左右偏差不大于 10mm。

114. 电缆盘的使用要求是什么？

电缆盘应距离井口 23 ～ 30m，应在作业机司机视线之内；电缆盘支架或绞盘的位置应使电缆盘轴与井口装置成直角；电缆收放时应从电缆盘的上方通过。

115. 电缆导向轮的使用要求是什么？

(1) 起出或下入井下潜油电缆时，必须使用导向轮。(2) 下机组时，导向轮应在高于地面 9 ～ 14m 处，使其位置符合游动滑车的移动要求。(3) 为了准确定位，应当用手移动导向轮，切勿用动力电缆在地面上拉导向轮。

116. 电缆卡子的安装要求有哪些？

(1) 在打电缆卡子前，应检查工具。对操作人员进行培训，确保打卡子质量。(2) 电缆连接处的上下方各打一个电缆卡子。(3) 每个油管接箍上下各打一个电缆卡子。（4）在铠装电缆上，卡子应扎紧到铠装稍有变形但不应压扁。

117. 电缆卡子的拆除要求有哪些？

（1）起出电泵机组时，应记录丢失了多少卡子。由用户决定丢失的卡子数目是否达到危害程度。（2）必须用合适的专用工具切断卡子。（3）应当注意被拆除的卡子的情况。若腐蚀明显，应该更换卡子金属材料以防止腐蚀。

118. 电缆起出作业的要求有哪些？

（1）电缆绝不允许放在地面卷绕，这样做可能损坏电缆。（2）当把电缆重新绕到电缆盘上时，应使电缆排齐。（3）当电缆从井内起出时，应在电缆的损坏部位做个记号，以便日后修理。

119. 注水井关井降压的要求有哪些？

提前48h通知采油班关井降压；若在高寒区，注意防止冻坏井口设备和冻结管线；应采取放溢流降压方法，开始2h，溢流量控制在$2m^3/h$以内，以后逐渐增大，最大不超过$10m^3/h$。

120. 注水井管柱底部球座的作用是什么？

注水井管柱底部球座连接在尾管下端，油管打压，球与球座密封，达到一定压力时封隔器释放；在反洗井时，球体上行与球座分开，油管通道打开，实现反洗井。

121. 偏心配水管柱由什么组成？技术要求是什么？

组成：偏心配水管柱由偏心配水器、压缩式封隔器、底部球座和油管组成。

技术要求：底部球座应下在射孔井段底界10m以下；偏心管柱组装时，相邻两级偏心配水器之间距离不小于8m；偏心配水器必须按设计要求，依据层位组配后下入井内。

122. 偏心配水管柱的主要特点是什么？

应用偏心配水管柱能实现多级细分配水，一般可分为 4 ～ 6 个层段，最高可分 11 个层段；可实现不动管柱任意调换井下配水嘴和进行分层测试，能大幅度降低注水井调整和测试作业工作量，而且测任意层段注水量时，不影响其他层段注水。

123. 扩张式封隔器的使用条件及特点是什么？

使用条件：扩张式封隔器必须与节流器配套使用。

特点：扩张式封隔器的优点是结构简单，不能单独坐封封隔器；缺点是必须在油管内外造成一定压差才能正常工作。

124. 注水井试配和调整施工的质量要求有哪些？

（1）下井配水管柱结构应满足分层注水、分层测试、正常洗井的使用要求，且密封可靠、使用方便，符合施工要求；（2）凡是配水管柱必须在射孔井段顶界以上 10 ～ 15m 处设一级保护套管的封隔器；（3）各级配水器下入深度应避开油层射孔部位；（4）分层配水管柱结构必须符合同位素测井的要求；（5）封隔器下入深度（卡点）应选择在套管光滑部位，避开套管接箍、射孔炮眼及管外窜槽井段，满足分层注水的要求，误差应在 ±0.2% 以内；（6）空心式、桥式配水器一律按编号顺序由小到大依次下井；（7）所有下井工具要有出厂合格证，并与设计要求及下井油管记录相符；（8）做好下井工具的保管和拉运工作，装卸时要轻拿轻放。

125. 注水井封隔器释放的要求是什么？

释放封隔器时按照封隔器型号对应的释放要求，正打压，并稳压至套管保护封隔器密封无溢流，证实释放成功。

126. 注水井下完管柱后还有哪些步骤？

（1）当管柱下至设计深度后，用磁性定位校对下井封隔器深度，如需调深度，可用油管短节对井内管柱的深度进行微调，达到设计要求后，方可坐井口；（2）反洗井，按洗井质量要求，洗井至水质合格；（3）释放封隔器；（4）投捞配水堵塞器，如下井水嘴为死嘴子时，需捞出死嘴子，投入配注水嘴，如下井的是可溶性水嘴时，可待水嘴溶化后即可进行投注验封；（5）验证封隔器密封；（6）按全井配注水量，转入正常注水。

127. 试注前洗井的目的是什么？

试注前洗井的目的是反复冲洗注水层的渗滤表面、套管内壁、油管内外及井底，将腐蚀物、杂质等污物冲洗出来，以确保注水井的清洁。

128. 油井出水的原因有哪些？

（1）固井质量不合格，造成套管外窜槽而出水；（2）射孔时误射水层；（3）套管损坏使水层的水进入井筒；（4）增产措施不当，破坏了油井储油层的封闭条件；（5）生产压差过大，引起底水侵入；（6）断层、裂缝等造成外来水侵入；（7）邻井注气、注水注穿油层造成油井出水。

129. 机械找水有哪几种方法？

（1）封隔器分层找水；（2）压木塞法找水；（3）找水仪找水。

130. 机械堵水一般有哪几种方式？

机械堵水一般有四种方式：封上采下、封下采上、封中间采两头和封两头采中间。

131. 油井堵水技术分为哪几类？

油井堵水技术分为机械堵水技术和化学堵水技术。

132. 机械采油井堵水管柱分为哪几类？

机械采油井堵水管柱一般有机械采油支撑防顶堵水管柱、机械采油整体堵水管柱、机械采油堵底水管柱、机械采油平衡丢手堵水管柱、机械采油固定堵水管柱五种。

133. 封隔器的型号如何编制？

封隔器型号如图 1 所示。

封隔器分类代号：Z 表示自封式，Y 表示压缩式，X 表示楔入式，K 表示扩张式。

封隔器支撑方式代号：1 表示尾管，2 表示单向卡瓦，3 表示无支撑，4 表示双向卡瓦，5 表示锚瓦。

封隔器坐封方式代号：1 表示提放管柱，2 表示转管柱，3 表示钻铣，4 表示液压，5 表示下工具。

封隔器解封方式代号：1 表示提放管柱，2 表示转管柱，3 表示自封，4 表示液压，5 表示下工具。

封隔器钢体最大外径：直接用其外径数值，以阿拉伯数字表示，单位为 mm。

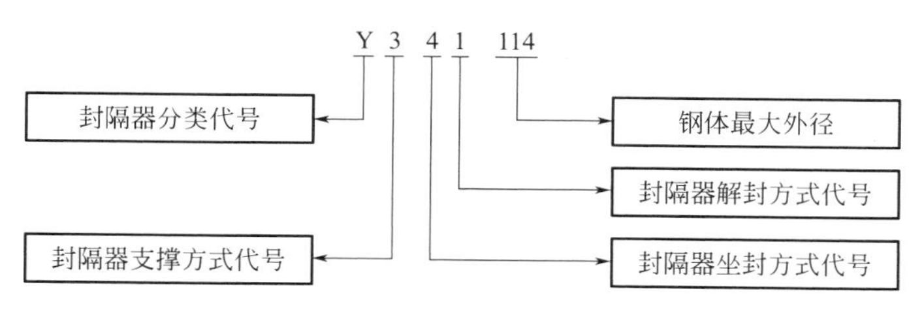

图 1　封隔器型号编制方法

134. 油井机械堵水的施工工序有哪些？

油井机械堵水的施工工序：洗井、起原井管柱、刮削、通井、冲砂、验窜、下堵水管柱、磁性定位、释放封隔器、丢手、起丢手管柱、下完井管柱。

135. Y441 封隔器与 Y341 封隔器组合的封中间采两头堵水管柱的结构是什么？

管串结构自下而上：油管鞋 + 油管 +Y341 封隔器 + 油管 +Y441 封隔器 + 丢手接头 + 单流开关 + 油管。

136. Y211 封隔器与 Y341 封隔器组合堵水管柱的坐封顺序是什么？

（1）先上提油管，调节方余，缓慢下放加压力 60 ～ 80kN，使 Y211 封隔器坐封。（2）地面连接泵车向油管内打压 15 ～ 20MPa，使 Y341 封隔器胶筒膨胀密封，继续打压完成丢手。

137. 丢手工具是如何丢手的？

提放式：当封隔器坐封后，继续增压，剪断控制销钉，上提管柱后可实现丢手。

旋转式：当封隔器坐封后，正旋转管柱进行丢手。

液压式：投球后，泵入一定压力，剪断丢手工具。

138. 油井出砂的原因是什么？

油井出砂的原因：（1）储层岩石的性质及应力分布是造成油气井出砂的一个原因。（2）大压差生产、注水开发及增产措施等开采措施是造成油井出砂的另一个原因。

139. 常见的井下作业事故有哪几类？

常见的井下作业事故：（1）工艺技术事故，如井喷；（2）井下卡钻事故；（3）井下落物事故。

140. 井下落物如何分类？

井下落物可分为管类落物、杆类落物、绳类落物和小件落物四类。

141. 井下落物的预防措施有哪些？

（1）下井的工具、钻具必须认真、严格地检查，并测绘草图留查。不合格、有怀疑的工具、钻具严禁下井。(2) 严格按照操作规程施工，情况不明时切忌施工。(3) 注意施工过程中的情况变化，及时总结、分析，及时调整施工方案，以免造成事故。(4) 起下钻时须安装自封封井器，井内无钻具时，应将井口加盖或密封。(5) 在井口操作时，使用的工具、用具应做好记录。施工结束后逐一检查，发现丢失的工具、用具应特别登记、上报。(6) 不允许在油管或钻杆内存放东西，下钻时要逐根通径，确保管内畅通。

142. 井下落物的处理方法有哪些？

(1) 捞出落物。下各种打捞工具将落物整体或分段捞出。(2) 磨套铣落物。下磨套铣工具把落物磨铣掉或套铣后打捞。

143. 处理常规卡钻事故的工具有哪些？

处理常规卡钻事故的工具有套铣筒、倒扣捞矛（筒）、可退捞矛（筒）、安全接头、上、下击器和作业设备等。

144. 测定卡点有何意义？

测定卡点的意义：(1) 确定倒扣悬重；(2) 确定管柱切割的准确位置；(3) 了解套管损坏的准确位置；(4) 确定管柱被卡类型。

145. 打捞井下落物的原则是什么？

(1) 打捞过程中要确保油层、水层不受二次污染与破坏；(2) 不损坏井身结构；(3) 处理事故过程中必须使事故越处理越容易，而不能越处理越复杂。

146. 打捞管类落物的工具有哪些？

打捞管类落物的工具有滑块捞矛、可退式捞矛、卡瓦打捞筒、开窗捞筒、公锥和母锥等。

147. 打捞杆类落物的工具有哪些？

打捞杆类落物的工具有卡瓦打捞筒、活页捞筒、三球打捞器和外钩等。

148. 打捞绳类落物的工具有哪些？

打捞绳类落物的工具有内钩、外钩和老虎嘴等。

149. 打捞小件落物的工具有哪些？

打捞小件落物的工具有强磁打捞器、一把抓和反循环打捞篮等。

150. 修井工具按使用特性可分为哪几类？

修井工具按使用特性可分成 12 大类：检测类、打捞类、倒扣类、切割类、震击类、刮削类、磨铣类、整形类、补贴类、补接类、侧钻类、辅助类。

151. 安全接头的作用是什么？

如遇下井工具被卡，利用螺杆与螺母之间方螺纹容易卸扣的特点将正扣钻杆正转（或反扣钻杆反转），便可将井下管柱从安全接头的螺杆与螺母处卸开，避免井下事故复杂化。

152. 磨铣中的注意事项有哪些？

（1）下钻速度不宜太快；（2）作业中途不得停泵，以防止磨屑卡钻；（3）如果出现单点长期无进尺，应防止磨坏套管；（4）在磨铣过程中，应在磨鞋上部加接钻铤或扶正器，以保证磨鞋平稳工作；（5）不能与震击器配合使用。

153. 套铣筒的用途是什么？由什么组成？

用途：套铣筒是与套铣鞋联合使用的套铣工具，其功能除旋转钻进套铣之外，还可用于冲砂、冲盐、热洗解堵等。

组成：套铣筒由上接头、筒体和套铣鞋组成。

154. 套铣筒套铣的注意事项有哪些？

（1）下套铣筒时必须保证井眼畅通。在深井、定向井、复杂井套铣时，套铣筒不要太长。（2）套铣筒下钻遇阻时，不能用套铣筒划眼。（3）井深时，下套铣筒要分段循环修井液。（4）下套铣筒要控制下钻速度，由专人观察环空修井液上返情况。（5）若套不进落鱼，应起钻，不能硬铣，避免造成鱼顶、铣鞋、套管的损坏。（6）套铣筒入井后要连续作业，当不能进行套铣作业时，要将套铣筒上提至鱼顶 50m 以上。（7）套铣过程中，若出现严重蹩钻、跳钻、无进尺或泵压上升或下降的情况，应立即起钻分析原因。

155. 锥类打捞工具的用途是什么？如何分类？

用途：锥类打捞工具是一种专门从管类落物（油管、钻杆、封隔器、配水器等下井工具）的内孔或外壁上造扣打捞落物的专用工具，打捞成功率较高，操作也较容易掌握。

分类：锥形打捞工具分为公锥和母锥两种形式。

156. 滑块捞矛由什么组成？用途是什么？

组成：滑块捞矛由上接头、矛杆、滑块、锁块及螺钉等组成。

用途：滑块捞矛是内捞工具，它可以打捞钻杆、油管、套铣管、衬管、封隔器、配水器和配产器等具有内孔的落物，又可对遇卡落物进行倒扣作业或配合其他工具使用（如震击器、倒扣器等）。

157. 滑块捞矛的工作原理是什么？

当矛杆与滑块进入鱼腔之后，滑块依靠自重向下滑动，滑块与斜面产生相对位移，使其打捞尺寸逐渐加大，直至与鱼腔内壁接触。上提矛杆时，斜面向上运动的径向分力迫使滑块咬入落物内壁，抓住落物。

158. 筒类打捞工具有哪几类？

筒类打捞工具包括卡瓦捞筒、可退式打捞筒、短鱼顶打捞筒、抽油杆打捞筒、测井仪器打捞筒和强磁打捞筒等。

159. 卡瓦捞筒由什么组成？用途是什么？

组成：卡瓦捞筒由上接头、筒体、弹簧、卡瓦座、卡瓦和引鞋等组成。

用途：卡瓦打捞筒是从落鱼外壁进行打捞的不可退式工具，可用于打捞油管、钻杆、抽油杆、加重杆、长铅锤、下井工具中心管等，还可对遇卡管柱施加扭矩进行倒扣。

160. 可退式打捞筒打捞的特点是什么？

（1）卡瓦与被捞落鱼接触面大，打捞成功率高，不易损坏鱼顶；（2）在打捞提不动时，可顺利退出工具；（3）篮式卡瓦捞筒下部装有铣控环，可对轻度破损的鱼顶进行修整、打捞；（4）抓获落物后，仍可循环洗井。

161. 抽油杆打捞筒如何分类？

抽油杆打捞筒按性能可分为可退式和不可退式；按结构可分为螺旋卡瓦式、篮式卡瓦式和锥面卡瓦式。

162. 钩类打捞工具有哪几类？

钩类打捞工具包括内钩、外钩、内外组合钩、单齿钩、多齿钩、活齿钩等类型。

163. 螺旋式外钩由什么组成？用途是什么？

组成：螺旋式外钩由接头、钩杆、钩齿、螺锥组成。钩齿用钢板割成三角形的小块焊接在钩杆上；钩杆直径比普通外钩大；钩齿采用钢板材料，因此具有较高的强度。

用途：螺旋外钩特别适合打捞电泵电缆。

164. 打捞时的安全环保控制措施有哪些？

（1）打捞时，井口安装井控装置；（2）试提和上下活动管柱时，观察修井机、井架、绷绳、地锚桩和游动系统的工作情况，发现问题立即停车处理，待正常后才能继续施工；（3）遇卡时应慢慢活动，分析原因，进行妥善处理；（4）施工人员各负其责，紧密配合，服从专人指挥；（5）施工前必须有防火、防爆措施，按规定配备消防器材。

165. 整形类工具如何分类？

套管整形工具分为机械式整形工具和爆炸法整形工具，机械式整形工具又可分为冲击胀管类和碾压挤胀类两大类。

166. 钻杆的作用是什么？

钻杆是钻柱组成的基本单元，是传递转盘扭矩、游车提升、加压给钻具（钻头等）的直接承载部分，是完成修井工艺过程的基本配套专用管材。

167. 钻杆的使用要求有哪些？

（1）入井钻杆螺纹必须涂抹螺纹密封脂，旋紧扭矩不低于 3800N・m；（2）钻杆需按顺序编号，每使用 3 ～ 5 口井需调换入井顺序；（3）保持钻杆的清洁、通畅，螺纹完好无损伤；（4）定期进行无损伤探伤检查；（5）入井钻杆不得弯曲、变形、夹扁；（6）钻杆搬迁时不得直接在地面拖拽，螺纹处应戴螺纹保护器。

168. 套管损坏的原因有哪些？

（1）地层运动造成的套管损坏，包括缩径、错断、弯曲等；（2）长期注水造成泥岩膨胀引起的套管损坏，包括缩径、错断、弯曲等；（3）化学腐蚀造成的套管损坏，长期腐蚀造成套管穿孔；（4）井下作业造成的套管损坏；（5）钢材本身内应力的变化也会使套管破裂。

169. 套管损坏的危害性有哪些？

（1）使生产管柱不能正常下入；（2）损坏部位大量出水、出砂；（3）使生产管柱被卡；（4）增产措施无法实施；（5）造成套管外井喷；（6）使油水井报废。

170. 套管损坏的类型有哪些？

套管损坏的类型有径向凹陷变形、套管腐蚀孔洞、破裂、多点变形、严重弯曲变形、套管错断（非坍塌形）及坍塌形套管错断等。

171. 铅模的用途是什么？由什么组成？

用途：铅模是探视井下套管损坏类型、程度和落物深度、鱼顶形状、鱼顶方位的专用工具。

组成：常用的铅模有平底带水眼式铅模和带护罩式铅模两种形式，均由接箍、短节、骨架及铅体组成，中心有直通水眼以便冲洗鱼顶。

172. 磨铣扩径修复套管适用范围是什么？

套管缩径较严重或有一些错断情况下，可以通过使用磨铣扩径修复的方法使通径扩大。这种方法有时需要其他修复方法配合，如磨铣后挤水泥或下内衬管等。

173. 套管修复施工的井控要求有哪些？

（1）所有上井的封井器、采油树均需试压，并有试压合格证；保证各手轮开关灵活、各连接处密封。（2）装封井器时，连接部位的钢圈、钢圈槽必须完好无损，清洗干净，涂均匀黄油，螺栓齐全，法兰平整并上紧螺栓，保证密封。（3）封井器的开关控制装置灵活好用，能随时关闭井口，使井口处于有控状态。（4）现场一定要按照有关井控工作管理制度进行操作，定期进行防喷演习。

174. 套管修复的目的是什么?

施工的目的通常是封堵射孔井段或套管穿孔、漏失井段,或对套管变形井段进行修复,以恢复正常生产的需要等。

175. 套管修复的方法有哪些?

套管修复的方法有挤水泥封固、通胀整形、磨铣扩径、爆炸整形、套管波纹管补贴、套管内衬管补贴、套管外衬、套管补接和取套换套。

176. 完井方法有哪几种?

完井方法有射孔完井法、裸眼完井法和衬管完井法。

177. 射孔的目的是什么?

射孔的目的是沟通地层和井筒,提供流体渗流通道。

178. 井身结构由什么组成?

井身结构主要由导管、表层套管、技术套管、油层套管和各层套管外的水泥环等组成。

179. 导管的定义及其作用是什么?

井身结构中下入的第一层套管称为导管,其作用是保持井口附近的地表层。

180. 表层套管的定义及其作用是什么?

井身结构中第二层套管称为表层套管,一般为几十至几百米。下入后,用水泥浆固井并返至地面,其作用是封隔上部不稳定的松软地层和水层。

181. 技术套管的定义及其作用是什么?

表层套管与油层套管之间的套管称为技术套管,是钻井中途遇到高压油层、气层、水层、漏失层和坍塌层等复杂地层时,为钻至目的层而下的套管,其层次由复杂层的多少而定。其作用是封隔难以控制的复杂地层,保持钻井工作顺利进行。

182. 油层套管的定义及其作用是什么?

井身结构中最内的一层套管称为油层套管。油层套管的下入深度取决于油井的完钻深度和完井方法，一般要求固井水泥返至最上部油气层顶部 100 ～ 150m。其作用是封隔油、气、水层，建立一条供长期开采油、气的通道。

183. 常用的诱导油气流方法有什么?

常用的诱导油气流方法有替喷法、抽汲法、提捞法和气举法。

184. 常规试油的主要工序是什么?

常规试油的主要工序是通井、洗压井、射孔、替喷、诱喷、求产及测压等。

185. 检泵作业对油管有什么要求?

检泵作业对油管的要求:（1）油管无裂缝、穿孔、弯曲，螺纹完好，不漏失。（2）油管内外清洁、光滑、并用内径规通过。（3）下井油管螺纹清洗干净、涂抹铅油、上紧扣。

186. 平底磨鞋磨铣工艺的钻压控制方法是什么?

在磨铣与钻进中，应根据不同的落鱼、不同的井深选用不同的钻压。（1）平底、凹底、领眼磨鞋磨削稳定落物时，可选用较大的钻压；（2）锥形（梨形）磨鞋、柱形磨鞋、套铣鞋与裙边铣鞋等由于承压面积小，不能采用较高的钻压。

187. 检泵作业对抽油杆有什么要求?

检泵作业对抽油杆的要求:（1）抽油杆下井前必须逐根检查、挑选，做到无弯曲、无裂纹、无砂眼、螺纹完好无损。（2）新下井或从井内起出的抽油杆必须架空，排放整齐；摆放抽油杆的支架不少于四道，且应平整、牢固，离地面高度在 500mm 以上；抽油杆上不准堆放重物及行人走动，抽油杆悬空部分不得超过长度的 20%。（3）抽油杆下井前，必须用蒸汽刺洗干净，达到无蜡、无泥、无弯曲、无损伤；不合格者不许下井。（4）起抽油杆时，发现被卡不能硬拔，应倒扣起出，避免抽油杆产生塑性变形、报废。

188. 通井的主要质量标准是什么？

（1）管柱结构自下而上依次为通井规、油管（钻杆）。

（2）下通井管柱应符合下油管的相关规定。

（3）通井时要平稳操作，管柱下放速度不大于 20m/min，下到距离设计位置 100m 时下放速度不大于 10m/min。当遇到人工井底（悬重下降 10 ～ 20kN）时，重复两次，保证探得人工井底深度误差不大于 0.5m。

（4）通井时，若中途遇阻，控制悬重下降不超过 30kN，并平稳活动管柱、循环冲洗。

（5）对遇阻井段，应分析情况或实测打印证实遇阻原因，并修整后再进行通井作业。

189. 吊卡的使用注意事项有哪些？

（1）吊卡的额定负荷必须大于工作负荷的 1.5 ～ 2 倍。

（2）吊卡与油管、钻杆的规范应该一致。

（3）各转动部分应灵活。

（4）吊卡保险、安全装置（各部销、弹簧）应安全可靠。

（5）吊卡要定期进行探伤检查。

（6）不准锤击吊卡，不准在吊卡上砸钢丝绳。

190. 钢卷尺的使用注意事项有哪些？

（1）用钢卷尺丈量油管、钻杆时，必须由三人同时进行。一人拉尺的开端，一人拉尺盒端，一人作记录。尺身要拉直，准确度要达到小数点后两位。

（2）丈量油管、钻杆长度时，钢卷尺的开端零线对准油管外螺纹丝帽消失端或钻杆外螺纹接头螺纹台肩，尺盒端对准油管接箍端面或钻杆内螺纹接头端面的刻度线，即为被丈量的长度，报记录员记录。

（3）丈量时，防止将尺身卡在油管、钻杆的缝隙间，以免将尺子夹坏。

（4）钢卷尺用完要擦洗干净，将尺身缠入尺盒。

191. 杆式泵由什么组成？

杆式泵有内外两个工作筒。外工作筒连接在油管上并带扶正接箍、支撑短节、卡簧装置一起下入井中；内工作筒将固定阀、衬套、活塞、游动阀等组装为一个整体，通过活塞拉杆连接抽油杆下入外工作筒中，坐在支撑短节上，用卡簧固定。检泵时上提抽油杆克服卡簧装置的锁紧力即可将内工作筒整体起出。

192. 管式泵、杆式泵的工作原理是什么？

管式泵和杆式泵的工作原理是相同的，都是通过抽油机抽油杆带动活塞在泵的衬套内部做上下往复运动来抽油的。当活塞上行时，油管内液柱压力使游动阀关闭，从而排除活塞冲程长度的一段液体，同时因泵内压力降低，井内的液体在压差作用下顶开固定阀进入泵内，完成吸入过程。当活塞下行时，泵内液体压力增大，使固定阀关闭，同时，顶开游动阀，活塞冲程长度的一段液体进入油管。由于活塞上下往复不断运动，就将井内液体抽到了地面。

193. 什么是深井泵的理论示功图？

深井泵的理论示功图：认为抽油机、抽油杆带动深井泵工作时，光杆只承受静负荷（抽油杆在液体中的重量和作用在活塞上的液柱重量），不承受惯性、振动、摩擦等动负荷，通过理论计算，表示深井泵在一个冲次中光杆负荷变化和光杆与活塞的冲程变化的图形。

194. 分层配水的目的是什么？

分层配水主要是为了解决层间矛盾，调整油层平面上注入水分布不均的情况，以及控制油井的含水上升和油田综合含水率的上升速度等，从而提高油田的开发效果。

195. 如何实现分层定量配水？

在注水井内下封隔器把油层分割成几个注水层段，下入配水器，安装不同直径水嘴注水。这样，在井口保持同一注水压力的情况下，即可达到分层定量配注的目的。

196. 油井出水主要有哪些危害？

（1）增加井底回压，大幅度降低油气井产量。

（2）易出砂层段也因出水出砂量增加，导致出砂危害。

（3）注入水沿底水锥进或沿高渗透层推进，不但造成注采费增加，而且降低了油的采收率。

（4）给油气集输和原油脱水造成困难，增加生产费用。

（5）水的腐蚀作用损害了井身结构和油井设备，增加了修井的工作量，缩短油井使用寿命。

197. 油层出砂的主要原因是什么？

井壁附近油层岩石结构被破坏以及流体的冲刷作用引起油层出砂，出砂程度取决于岩石的应力状态及开采的方式方法。

198. 油层出砂主要有哪些危害？

（1）磨损从井底到地面流程的采油设备并造成不同程度的损坏。

（2）砂埋油层造成油井减产。

（3）砂埋油管及井下工具乃至砂卡管柱造成油井停产。

（4）增加修井作业次数。

（5）引起地层垮塌，导致套管变形甚至断裂，从而缩短油井的使用寿命，影响油田开发。

199. 铅模的使用注意事项有哪些？

（1）下井前要量度铅模各部分尺寸，检查接头螺纹及铅模外形的圆度有无损坏，铅壳镶装程度、能否脱落等。

（2）与下井管柱连接时，防止与硬物碰撞，螺纹上紧。

（3）起、下铅模通过井口时，必须扶正油管，不准倾斜，缓慢下放，防止造成铅印假象。

（4）下铅模在将接近鱼顶或套管变形深度时，应缓慢下放。

（5）铅模遇阻后，待悬重下降 10kN 时，缓慢提起一定距离，再加快速度起出铅模及管柱。

（6）起出铅模后，立即将所打印痕原形不变地描绘下来，细微观察、周密分析做出定性判断。

200. 采油树安装有哪些要求？

（1）采油树拉送到井场后，对采油树进行验收，检查零部件是否齐全，阀门有无损坏、开关是否灵活。

（2）安装时先从套管四通底法兰卸开；与套管头连接前，套管短节必须清洗干净，缠上生料带或涂上密封脂，上正扣；螺纹上紧后，采油树阀门、手轮方向应一致。

201. 水平井适用于何种油藏？

水平井适用于薄的油气层或裂缝性油气藏，目的在于增大油气层的裸露面积。水平井（大庆的）适用于低孔、特低渗的油气藏（葡萄花、扶余、扬大成子），目的在于增大油气层的渗滤面积。

202. 常规定向井、大斜度井、水平井有何区别？

常规定向井井斜角小于 60°，大斜度井井斜角为

60°～86°，水平井井斜角大于86°（有水平延伸段）。

203. 常用的压井方法有哪三种？

常用的压井方法有循环法、灌注法和挤注法。

204. 根据压井液对油气层的作用，选择压井液应遵循什么原则？

选择压井液应遵循压而不喷、压而不漏、压而不死的原则。

205. 如何选择气井作业地面控制管汇？

（1）井口压力在20MPa以下的井，采用25（不含）MPa的控制管汇。（2）井口压力在20（含）～45（不含）MPa的井，采用60MPa的控制管汇。（3）井口压力在45（含）～60（不含）MPa的井，采用70MPa+35MPa的二级控制管汇。（4）井口压力在60（含）MPa以上的井，采用一个105MPa+两个70MPa（或一个70MPa+一个35MPa）组成三级控制管汇，在一级管汇上配备2～3个105MPa液控操作阀，在第三级管汇上安装相应级别的安全阀。（5）管汇必须严格按设计和试压规程进行试压合格并建档和标识。

206. 如何选择气井作业修井机？

（1）1200（不含）m以内的井，采用400kN及以上的修井机。（2）1200（含）～3000（不含）m的井，采用600kN及以上的修井机。（3）3000（含）～5000（不含）m的井，采用800kN及以上的修井机。（4）5000（含）m以上的井，采用1200kN及以上的修井机。

207. 如何选择气井作业井控装置？

根据预计井口压力选择封井器（防喷器）压力等级：（1）井口压力在35（不含）MPa以内的井，采用承压

35MPa 的半全封或一半封一全封封井器。(2) 井口压力在 35（含）～ 70（不含）MPa 的井，采用承压 70MPa 的半全封或一半封一全封封井器。(3) 井口压力在 70（含）～ 105（不含）MPa 的井，采用承压 105MPa 的半全封或一半封一全封封井器。

208. 气井“三防”的具体内容是什么？

气井“三防”的具体内容：防火、防爆、防毒。

209. 气井压井的条件是什么？

出现下列情况之一，应采取压井措施：(1) 井口出现超压；(2) 井口部分漏气，不压井就无法整改；(3) 需及时封层或转层上试新层；(4) 需换管柱进行酸化、加砂压裂；(5) 含硫化氢、二氧化碳的井试气后长时间不能采输；(6) 弃井。

210. 如何确定气井压井液的密度？

根据试气所取得的地层压力、产量资料确定压井液的密度，并考虑0.07～0.15g/cm^{3}的附加值：(1) 对于高温、高压、含硫化氢的井附加值取高值外，一般井取低值；(2) 对于地层漏失量大的疏松气层，应使用暂堵剂；(3) 对于低压、无自喷能力及高压、低渗、无工业产能的井采用密度 1.0g/cm^3 的清水或盐水作为压井液。

211. 如何确定压井液液量？

压井液的量应大于井筒容积的 1.5 倍（性能稳定），准备井筒容积 1.5 倍以上的清水。对于高温、高压、含硫化氢的井，压井液的量应大于井筒容积的 2.0 倍，并应同时准备井筒容积 1.5 倍以上的高密度修井液。

212. 起下油管过程中产生溢流的征兆有哪些？

(1) 起油管时，起出管柱体积大于灌注修井液体积；

（2）下油管时，下入井内管柱体积小于修井液返出井口的体积；（3）停止起下作业时，出口管外溢。

213. 井下作业工程设计中关于压井液的要求是什么？

压井液密度设计应以地质设计与作业层位的最高地层压力当量密度值为基准，另加一个安全附加值确定压井液密度。附加值的确定方法：（1）油水井为 0.05 ～ 0.10g/cm^3；（2）气井为 0.07 ～ 0.15g/cm^3（含硫化氢等有毒气体的井取最高值）。具体选择时应考虑地层压力大小、油气水层的埋藏深度、井控装置工作压力、套管强度和井内管柱结构等。

214. 如何选择气井作业施工设备？

（1）根据井深、井斜、管柱重量及作业内容选择修井机，修井机钩载储备系数应达到井场设备要求；（2）钻台或修井操作台应满足井控装置安装、起下钻和井控操作要求；（3）循环罐、压井液储备罐、发电机、固控设备、除气设备、井控设备等应能满足施工要求。

215. 气井作业对管材及井下工具有何要求？

（1）入井管材及井下工具应具有抗硫化氢、二氧化碳腐蚀的能力；（2）使用时应力强度应控制在钢材屈服极限的60%以下；（3）进行油气层改造时，应下入封隔器保护套管，施工时最高压力小于油管、工具、井口等设施中的最低许可压力值，并在采气树上安装安全阀限定套管压力。

216. 井控例会制度有哪些要求？

（1）作业队每周召开一次由队长主持的以井控工作为主要内容的安全会议，每天班前、班后会上，值班干部、班长必须布置井控工作任务，检查、讲评本班组井控工作。（2）作业大队每月召开一次井控例会，检查、总结、布置井控工作。(3) 采油各厂、井下作业分公司、试油试采分公司每季度召开一次井控工作例会，总结、协调、布置井控工作。(4) 油田公司每半年召开一次井控工作例会，总结、布置、协调井控工作。

217. 如何确定最大允许关井套压？

最大允许关井套压不得超过井口装置额定工作压力、套管抗内压强度的 80% 和薄弱地层破裂压力所允许关井套压三者中的最小值。

218. 闸板防喷器的锁紧装置有什么作用？

(1) 防喷器液压关井后，采用机械方法将闸板固定住，然后将液压压力油的高压泄掉，以免长期关井憋漏油管；(2) 防止“开井失控”的误操作事故；(3) 一旦液控系统发生故障，可手动关井。

219. 天然气有哪些特性？

天然气的特性是密度低、可压缩、可膨胀、可燃、易燃。

220. 压井时必须采取哪些措施保护产层？

(1) 选用优质压井液；(2) 低产低压井可采取不压井作业，严禁挤压井作业；(3) 地面盛液池（或罐）应干净无杂物，作业泵车及管线要进行清洗；(4) 加快施工速度，缩短作业周期，完井后要及时投产。

221. 压井液性能被破坏的主要原因有哪些？

压井液性能被破坏的主要原因有水侵、气侵、钙侵、盐水侵。

222. 压井液分为哪几类？

压井液分为水基压井液、无固相盐水压井液、聚合物盐水压井液、油基压井液、泡沫压井液。

223. 压井液在使用过程中应具备哪些功能？

（1）与地层岩性相配伍，与地层流体相容，并保持井筒稳定；（2）密度可调，以便平衡地层压力；（3）在井下温度和压力条件下稳定；（4）滤失量小；（5）有一定携带固相颗粒的能力。

224. 起下管柱作业应做好哪些井控工作？

（1）在起下封隔器等大直径工具时，应控制起下钻速度，防止产生抽汲或压力激动。（2）在起管柱过程中，应及时向井内补充压井液，保持液柱压力平衡。（3）起下管柱作业出现溢流时，应立即抢关井，压井正常后方可继续施工。（4）起下管柱过程中，要有防止井内管柱顶出的措施，以免增加井喷处理难度。

225. 冲砂作业应做好哪些井控工作？

（1）冲砂作业要使用符合设计要求的压井液进行施工。（2）冲开被埋的地层时应保证循环正常，当发现出口排量大于进口排量时，及时压井后再进行下一步施工。（3）施工中井口应坐好自封封井器和防喷器。

226. 防喷器按工作压力分为哪几个等级？

防喷器按工作压力可分为7MPa、14MPa、21MPa、35MPa、70MPa、105MPa、140MPa七个等级。

227. 防喷设备选择主要考虑哪三个因素？

防喷设备选择主要考虑压力级别、通径尺寸、组合形式三个因素。

228. 防喷器设备分为哪几类？

防喷器设备分为闸板防喷器、环形防喷器、旋转防喷器和液压防喷器。

229. 各类防喷器分别适用何种井型？

（1）对于压力等级为14MPa的井口防喷器组，有4种方案可供选择，即1台环形防喷器，1台双闸板防喷器，2台单闸板防喷器，1台环形防喷器和1台单闸板防喷器。（2）对于压力等级为21MPa、35MPa的防喷器组，有2种方案可供选择，即1台环形防喷器和1台双闸板防喷器，1台环形防喷器和2台单闸板防喷器。（3）对于压力等级为70MPa、105MPa的井口防喷器组，有3种方案可供选择，即1台环形防喷器和2台双闸板防喷器，1台环形防喷器和3台单闸板防喷器，1台旋转防喷器、1台环形防喷器和2台单闸板防喷器。

230. 各类防喷器型号如何表示？

（1）单闸板防喷器：FZ公称通径－最大工作压力。（2）双闸板防喷器：2FZ公称通径－最大工作压力。（3）三闸板防喷器：3FZ公称通径－最大工作压力。（4）环形防喷器：FH公称通径－最大工作压力。（5）手动防喷器：SFZ公称通径－最大工作压力。

231. 液压防喷器的特点是什么？

液压防喷器的特点是关井动作迅速、操作方便、安全可靠、现场维修方便。

232. 环形防喷器的功用是什么？

（1）当井内有管柱时，能用一种胶芯封闭管柱与井口形成的环形空间；（2）空井时能全封井口；（3）在进行钻铣、套磨、测井及打捞井下落物的过程中，若发生溢流、井喷，能封住方钻杆、电缆、钢丝绳以及处理事故的工具与井口所形成的空间；（4）在减压调压阀或小型储能器配合下，能对18°无细扣对焊管柱接头进行强行起下作业；（5）遇严重溢流或井喷时，用来配合闸板防喷器及节流管汇实现软关井。

233. 环形防喷器有哪几种类型？

环形防喷器有锥形胶芯环形防喷器、球形胶芯环形防喷器、组合胶芯环形防喷器。

234. 闸板防喷器的使用注意事项有哪些？

（1）应根据井控规定要求的防喷器组合形式进行配套安装。（2）当井内有管柱时严禁关闭全封闸板，以防损伤挤坏闸板芯子、管柱。（3）防喷器应定期开关、试压，其连接螺栓应定期紧固，以防松动。（4）双闸板防喷器全封闸板应装在半封闸板之下，以满足空井关井后强行下入管柱的需要。（5）操作人员必须知道所用闸板防喷器的锁紧旋转圈数，以确保有效的锁紧和完全解锁。（6）注意不要装反，应使壳体指示箭头方向及闸板顶密封面在上。（7）手动锁紧装置应装全并固定牢靠。（8）上紧连接螺栓时用力要均匀，对角依次按推荐扭矩值上紧。（9）当井口憋有压力时，严禁打开防喷器泄压。（10）装有环形防喷器的井口防喷器组，在发生井喷紧急关井时首先利用环形防喷器关井，再用闸板防喷器封井，然后打开环形防喷器，避免使用环形防喷器长期封井作业。

235. 液压防喷器控制装置由什么组成？

液压防喷器控制装置由蓄能器装置、遥控装置以及辅助遥控装置组成。

236. 液压防喷器控制装置正常工作时的工况是什么？

钻开油气层前，控制装置应投入工作并处于随时发挥作用的“待命”工况。蓄能器应预先充油，升压至 21MPa，调好有关阀件并经检查无误后“待命”备用。

237. 闸板防喷器在现场使用时，机械锁紧如何判断？

当闸板防喷器关井后，观察锁紧轴的外露端，如果看到锁紧轴的光亮部位露出、锁紧轴外伸较长，即可断定防喷器已机械锁紧，关井操作是正确的；如果看到锁紧轴的光亮部位隐入、锁紧轴外伸较短，则可断定为尚未机械锁紧，这种情况一般是不允许的。

238. 节流管汇和压井管汇上的阀件主要有哪些？

节流管汇和压井管汇上的阀件主要有平板阀和节流阀两种。根据驱动方式的不同分为手动平板阀和液动平板阀、手动节流阀和液动节流阀。

239. 节流管汇和压井管汇分为哪几类？

节流管汇按操作方式分为手动操作节流管汇和液控操作节流管汇；压井管汇按压力级别分为 14MPa、21MPa、35MPa、70MPa、105MPa 共五级。

240. 节流管汇和压井管汇的功用是什么？

节流管汇的功用：(1) 通过节流阀的节流作用实施压井作业，替换出井中被污染的修井液，同时控制井口套管压力与立管压力，恢复修井液液柱对井底的压力控制，制止溢流。(2) 通过节流阀的泄压作用，降低井口压力，实现“软关井”。(3) 通过放喷阀的大量泄流作用，降低井口套管压力，保护井口防喷器组。

压井管汇的功用：(1) 当用全封闸板全封井口时，通过压井管汇向井筒里强行吊灌高密度修井液，实施压井作业。(2) 当已经发生井喷时，通过压井管汇向井口强注清水，以防燃烧起火。(3) 当已井喷着火时，通过压井管汇向井筒里强注灭火剂，能助灭火。

241. 节流管汇和压井管汇的型号如何表示？

节流管汇型号的表示方法：JG/ 节流阀控制方式不同控制方式节流阀数量 - 压力等级。

压井管汇型号的表示方法：YG- 压力等级。

242. 节流管汇和压井管汇的最大工作压力有哪几级？公称通径应满足哪些要求？

（1）最大工作压力。

节流管汇和压井管汇的最大工作压力分为 5 级，即 14MPa、21MPa、35MPa、70MPa、105MPa。

（2）公称通径。

节流管汇：井口四通与节流管汇五通间的连接管线的公称通径一般不得小于 76mm（3in）；但对于压力等级为 14MPa 的管汇可允许为 50mm（2in）；预计在钻井作业中有大量气流时，不得小于 102mm（4in）。节流阀上下游的连接管线的公称通径不得小于 50mm（2in）。放喷管线的公称通径不得小于 76mm（3in）。

压井管汇：一般不得小于 50mm（2in）。

243. 节流压井管汇的主要阀件有哪些？

节流压井管汇的主要阀件有平板阀、筒形阀板节流阀、单流阀。

244. 节流压井管汇液控箱待命工作时的工况是什么？

（1）气源压力表显示 0.6 ～ 1.0MPa；（2）变送器供气管路上空气调压阀的输出气压表显示 0.35MPa；（3）气泵供气管路上空气调压阀的输出气压表显示 0.4 ～ 0.6MPa；（4）油压表显示 1.4 ～ 2.0MPa；（5）阀位开启度表显示 4/8 开启度；（6）换向阀手柄处于中位；（7）调速阀打开；（8）泄压阀关闭；（9）立压表开关旋钮旋闭；（10）立压表

显示零压；（11）套压表显示零压。

设备停用时应将箱内两个空气调压阀的输出气压调节回零；打开泄压阀使油压表回零；立压表开关旋钮旋至关位。

245. 压裂的定义及其作用是什么?

压裂是在井筒中形成高压迫使地层形成裂缝的施工过程，通常指水力压裂。水力压裂应用水力传压原理，从地面泵入携带支撑剂的高压工作液，使地层形成并保持裂缝，是被广泛应用的行之有效的增产、增注措施。由于被支撑剂充填的高导流能力裂缝相当于扩大了井筒半径，增加了泄流面积，大大降低了渗流阻力，因而能大幅度提高油气井产量，提高采油速度，缩短开采周期，降低采油成本。

246. 酸化的定义及其作用是什么?

酸化是油气井、注水井重要的增产增注措施之一，它利用酸液的化学溶蚀作用及向地层挤酸时的水力作用，解除近井地带的油层堵塞，扩大和连通油层孔缝，恢复和提高油层近井地带的渗透率，从而增加油气井的产量和注水井的注入量。

247. 压裂的主要工序是什么?

压裂的主要工序包括循环、试压、试挤、压裂、加砂、替挤。

248. 压裂液应满足哪些性能要求?

（1）滤失性小，即压裂液渗透到地层内部去的能力小，便于在井底形成高压将地层劈开裂缝，并使裂缝扩大和延伸。要想压裂液的滤失性小，压裂液应具有一定的黏度。

（2）悬浮性能好，即具有较高的携砂能力。它取决于压裂液的密度和黏度两个因素，密度越大，黏度越高，则悬浮性能就越好。加入的支撑剂就能均匀地全部带入地层裂缝中，不至于沉积于井底或团聚于裂缝中。

（3）稳定性能好，不与岩层和岩层中的液体产生有害的物理化学变化，不伤害降低地层的渗透率。

（4）摩擦阻力损失小，易于泵送，在黏度满足要求的前提下，摩阻损失越小越好，有利于泵功率充分利用和提高压裂效果。

（5）容易从地层排出。

249. 压裂支撑剂应满足哪些性能要求？

（1）具有足够高的强度。加进裂缝后，能承受上部地层岩石的压力，不至于被压碎，以保持裂缝不重新闭合，具有较高的导流能力。油层越深，支撑剂强度的要求越高。

（2）粒度要均匀。粒度越均匀，渗透性越好，满足规定粒径要求的颗粒应占支撑剂总量的80%以上。粒径选择应结合油层的具体情况以及压裂工艺需求确定，国内常用的支撑剂粒径为0.212～0.425mm和0.425～0.85mm。

（3）圆球度要好（圆球度指支撑剂颗粒外形类似圆球的程度，大小粒径之比值应在0.8以上）。圆球度越好，越容易进入裂缝填实。

（4）杂质含量小。避免堵塞裂缝，保证有较高的渗透性。杂质含量要求在0.5%以下。

250. 压裂用车组主要包括哪些装置？

压裂车组主要包括压裂车、混砂车、砂罐车、液罐车和仪表车等。

251. 压裂用地面工具主要包括哪些部件？

压裂用地面工具主要包括自封封井器、闸板防喷器、井口球阀、投球器、活动弯头、活接头、压裂管汇和蜡球管汇等。

252. 压裂用下井工具主要包括哪些部件？

压裂用下井工具主要包括封隔器、喷砂器、水力锚、安全接头等。

253. 常用的压裂工艺有哪些？

常用的压裂工艺有笼统压裂、封隔器分层压裂、限流法压裂、连续油管水力喷射压裂、复合压裂、泡沫压裂、防砂压裂、缝网体积压裂等。

254. 压裂管汇由什么组成？用途是什么？

组成：压裂管汇主要由主体、控制阀、活接头等组成。

用途：连接地面管线与多台压裂车，将压裂车泵出的液体汇集注入压裂井的目的层，具有耐高压、摩阻小的特点。

255. 蜡球管汇由什么组成？用途是什么？

组成：蜡球管汇主要由蜡球容器、控制阀、活接头等组成。

用途：连接地面管线和压裂管汇，通过压裂车泵将容器中盛储的蜡球注入施工井。

256. 活动弯头由什么组成？用途是什么？

组成：活动弯头的两臂采用两件组成，中间用高压活动滚珠及密封件密封并连接在一起。

用途：改变施工中管线的连接方向和便于管线的连接。

257. 投球器由什么组成？用途是什么？

组成：投球器由投球器主管体、储球室部分和投球部分组成。

用途：通过使用扳手拧动投球丝杠，向井内管柱投送一个或多个钢球，从而完成特定井下作业施工。

258. 井口球阀由什么组成？用途是什么？

组成：井口球阀由上接头、阀体密封圈、球形阀体、转球杆、限位螺母、下接头组成。

用途：用于施工管柱的顶端，起开关作用。

259. Y344-114 封隔器的工作原理是什么？

从油管内加液压，液压经上、下中心管孔进入活塞腔，在液压作用下，推动上、中、下活塞套上行压缩胶筒向外伸展，封隔油套环形空间。压裂施工中保持油管内压力大于环空压力，压差在额定数值以上，胶筒就始终处于封隔油套环空状态。

当油管泄压时，压缩状态的胶筒在橡胶弹性力作用下，推动上、中、下活塞套下行，胶筒收回解封。

260.K344-114 封隔器的工作原理是什么？

从油管内加液压，液压经滤网、下接头孔道、中心管水槽进入胶筒内腔，在液压作用下，胶筒向外胀大，封隔油套环形空间。压裂施工中保持在额定压差以上，胶筒就始终处于封隔油套环空状态。

当油管泄压时，扩张状态的胶筒在橡胶弹性力作用下，胶筒收回解封。

261. 喷砂器的作用有哪些？

喷砂器是控制类井下工具，在分层压裂过程中，一是起油管向压裂目的层注入液体和携砂液的通道的作用；二是起节流作用，通过节流产生压差保证封隔器所需的坐封压力；三是起管柱时起到密封油管柱的作用。

262. 水力锚的结构和用途是什么？

结构：水力锚主要由锚体、衬套、锚爪、弹簧、压板、O 形密封圈组成。

用途：在压裂施工中起固定管柱的作用，防止管柱轴向位移影响压裂层位的准确性。

263. 水力锚的工作原理是什么？

从油管内加液压，锚爪在液压作用下压缩弹簧并推向套管内壁，卡在套管内壁上，达到固定管柱的目的。油管泄压时，锚爪在弹簧弹力作用下回位解卡。

264. 安全接头的工作原理是什么？

当管柱遇卡无法起出时，正转动管柱倒开安全接头的上接头和下接头连接螺纹，可起出滑套以上管柱。

265. 什么是笼统压裂？

笼统压裂是在已射孔炮眼部位的上部下入封隔器、喷砂器等井下工具，将全部射孔井段作为一个层段进行压裂，达到对目的层解堵或改造的目的。

266. 封隔器分层压裂管柱有哪几类？

封隔器分层压裂管柱按不同的封隔器类型及工具组合可分为不压井多层滑套封隔器分层压裂管柱、双封单卡逐层上提压裂管柱、桥塞封隔器分层压裂管柱。

267. 什么是限流法压裂？

限流法压裂是通过低密度射孔、大排量供液，形成足够的炮眼摩阻，使井筒内保持较高的压力，从而使同一卡段内破裂压力相近的小层陆续被压开的一种压裂工艺。

268. 什么是多裂缝压裂？

多裂缝压裂利用施工井段内已压开层或渗透率高的层吸液量大、启动压力低的特点，用暂堵剂（或堵球）在低压下将压裂层段内的高渗透层炮眼临时封堵，再提高泵压，压开其他渗透率相对较低的层或低含水部位，即在一个井段内压开多条裂缝的施工工艺。

269. 什么是重复压裂？

重复压裂是为了解决初次压裂失效或初次压裂部分小层未充分改造的问题，通过第二次、第三次等不同工艺的重复压裂来提高油水井产量和注入能力的施工。

270. 什么是复合压裂？

复合压裂是高能气体压裂技术、热化学工艺技术、酸化工艺技术与水力压裂技术相结合的技术。

271. 什么是 CO_2 泡沫压裂？

CO_2 泡沫压裂把液态 CO_2 和水基压裂液形成的恒定内相混合液泵入井中，实施压裂，达到增产增注的目的。

272. 什么是防砂压裂？

防砂压裂是对高渗透地层或生产中容易出砂地层，在完成主缝加砂支撑后，尾追固砂剂、（耐碱）树脂砂、树脂陶粒等，在缝口形成具有一定强度和渗透性的胶结带，防止缝口闭合的一种工艺。

273. 压裂施工资料验收的内容有哪些？

压裂施工资料验收的内容包括施工总结、压裂施工设计、压裂施工曲线、酸化施工现场记录、完井油管记录、压裂油管记录、新井完井数据表、射（补）孔通知单等。

274. 压裂施工设计的内容有哪些？

压裂施工设计主要包括封面，施工目的，油井基础数据，压裂层段射孔方案，试油简况和压力、温度预测，施工规模及参数优化，压裂工艺设计，工厂化施工方案，施工准备及注意事项，现场资料录取，安全、质量技术要求，井控要求，相关附件图，压裂施工应急预案，备注等。

275. 压裂下井原材料主要有哪些？

压裂下井原材料主要包括符合设计技术性能要求的压裂

液、支撑剂、暂堵剂、预处理液及各种添加剂。

276. 整体压裂的作业流程是什么？

一口油井的整体压裂施工流程从施工准备至收尾一般有18个工序，具体内容：施工准备、起抽油杆、安装井控装置与试压、试提管柱并导出油管挂、起原井管柱、探砂面与冲砂、刺洗丈量油管抽油杆、组配压裂管柱、下压裂管柱、做压裂准备、压裂施工、扩散压力活动管柱、起压裂管柱、探砂面与冲砂、下完井管柱、拆防喷器和安装采油树、下抽油杆、试抽收尾。个别井可能需要其他辅助工序。

277. 常规压裂地面连接流程是什么？

常规压裂井地面连接流程：井口油管→井口阀门→井口投球器→120°弯管→油管短节→高压活动弯头→循环三通→油管→酸化三通（不挤酸井无此部分）→油管→蜡球管汇（不投井蜡球无此部分）→压裂管汇→压裂车组。

278. 压裂施工时流体流动过程是什么？

压裂施工时流体的流动过程：压裂液和支撑剂进入混砂装置，混合搅拌均匀后通过加压泵进入压裂管汇、地面管线、井口、井内油管、喷砂器、油套环空、射孔炮眼并进入地层。

279. 压裂施工工序流程是什么？

（1）循环：目的是检查压裂流程管线和压裂车组设备，清除压裂管线、压裂管汇、车组内残留的泥砂、油、蜡、支撑剂等残留物。

（2）试压：目的是检查井口总闸门以上设备、井口和地面压裂流程管线的承高压性能。

（3）试挤：用于检查下井工具工作是否正常，保证通道成功建立。

（4）测试：逐台启动压裂车，并逐渐增加至压力、排量，最高压力不得超过压裂管柱工作压力，排量逐渐增大到设计排量。通过测试压裂，可对储层的破裂压裂、闭合压力、滤失状况、裂缝形态等进行解释，指导主压裂施工。

（5）加砂：试挤正常后应按设计加大排量，使井底压力迅速上升，直到油层压开裂缝。注意按设计要求注入前置液后，在工作压力和排量平稳、符合设计要求的条件下，开始加砂，并按要求砂比逐渐增大，且加砂均匀，加砂排量按设计进行，保持稳定，不得随意升降，中途不得停泵。

（6）替挤：按设计加完砂量后，立即关闭加砂装置，混砂车泵入替挤液，替挤时保持压裂时的排量和压力不变，不可超量替挤。

（7）关井扩散压力，并测压降曲线。

（8）用油嘴控制放喷，进行返排。

280. 压裂前置液的作用是什么？

压裂前置液的作用是压开地层延伸裂缝，保持裂缝具有足够的宽度和长度，同时起到降温冷却地层的作用。

281. 压裂携砂液的作用是什么？

压裂携砂液的作用是携带支撑剂进入裂缝，并扩展和延伸裂缝。

282. 压裂顶替液的作用是什么？

压裂顶替液的作用是将井筒及地面管线中的携砂液顶替入地层。

283. 压裂支撑剂的作用是什么？

压裂支撑剂用于支撑裂缝以提高导流能力。

284. 压裂支撑剂有哪几类？

国内外用作压裂支撑剂的有石英砂、陶粒、覆膜石英砂（陶粒）、超低密度支撑剂等。

285. 什么是探井压裂？

探井压裂是针对勘探井，为了发现和正确评价储量而采取的压裂增产措施。

286. 什么是小型压裂？

小型压裂又称测试压裂，指在进行正式压裂（特别是大型压裂）之前进行的小规模不加支撑剂的压裂，目的在于取得正式压裂设计所必需的压裂参数，如裂缝延伸压力、闭合压力、近井摩阻和压裂液效率等。

287. 分层压裂封隔器主要有哪些类型？

分层压裂封隔器有水力扩张式封隔器、水力压缩式封隔器和可钻式封隔器和桥塞等。

288. 分层压裂喷砂器主要有哪些类型？

分层压裂喷砂器主要有滑套式喷砂器、导压喷砂器和喷嘴等。

289. 多层滑套封隔器压裂管柱由什么组成？

多层滑套封隔器压裂管柱由工作筒和堵塞器、水力压差式压裂封隔器、滑套喷砂器组成。

290. 单封隔器分层压裂管柱由什么组成？

单封隔器分层压裂管柱由水力锚、封隔器和喷嘴组成。

291. 双封隔器上提压裂管柱由什么组成？

双封隔器上提压裂管柱由水力锚、封隔器、导压喷砂器、封隔器和丝堵组成。

292. 多裂缝压裂适用于什么地层？

多裂缝压裂适用于层间隔层小于 1.6m、不能用封隔器分卡的已射孔的多个油层进行分段压裂。

293. 选择性压裂适用于什么地层？

选择性压裂适用于非均质见水层厚油层层内挖潜、重复压裂层的挖潜和油水层交错分布而封隔器又卡不开的油层挖潜。

294. 复合压裂分为哪两种工艺技术？

复合压裂工艺技术包括燃爆复合压裂工艺和热化学复合压裂工艺，是高能气体压裂和热化学压裂与水力压裂相结合的产物。

295. 什么是热化学复合压裂技术？

热化学复合压裂施工时，在预前置液中加入化学药剂，化学药剂进入地层裂缝后发生化学反应，释放出大量的气体和热。热能通过径向和垂向传导作用，加热油层的近井地带，解除有机物堵、水堵、高界面张力堵等污染，从而提高近井地带的渗透率和降低原油黏度；产生的大量氮气进入液体进不去的孔隙，冲散架桥，解放出油孔隙，同时又可提高液体返排压力，从而达到增产的目的。

296. 什么是斜直井压裂技术？

斜直井压裂技术是针对斜度小于 50° 的斜直井的管柱可反洗压裂施工技术。

297. 什么是水平井分段压裂技术？分为哪两种工艺？

水平井分段压裂技术是通过在水平井的水平段进行射孔、压裂，形成较高波及效率的与井筒垂直（或平行）的水力压裂裂缝的工艺技术。水平井分段压裂技术分为水平井限流法压裂工艺和水平井机械分段压裂工艺。

298. 什么是基质酸化？

基质酸化指施工时井底压力低于地层破裂压力（或闭合

压力），酸液沿基质孔隙进入地层，熔蚀并扩大孔隙的酸化施工。

299. 什么是笼统酸化？

笼统酸化是指全井统一将一定量的酸液挤入地层。酸化管柱可为光油管管柱和多级封隔器分层管柱等。

300. 什么是分层酸化？

分层酸化是通过井下工具或采用暂堵工艺，使酸液进入全井中几个小层的工艺方法，这种方法可以使酸化施工更具有针对性，可保证被污染地层或低渗透层得到有效处理。

301. 压裂施工对井控装置有哪些要求？

（1）作业队根据施工设计要求安装相应井控装置。

（2）按照井控要求对安装的井控装备进行现场检验和试压。

（3）现场安装前要认真保养防喷器，并检查闸板芯子尺寸是否与所使用管柱尺寸相吻合，检查配合三通的钢圈尺寸、螺孔尺寸是否与防喷器、套管四通尺寸相吻合。

（4）防喷器安装必须平正，各控制阀门、压力表应灵活可靠，上齐、上全连接螺栓。

（5）防喷器控制系统必须采取防冻、防堵、防漏措施，安装在距井口 25m 以远，保证灵活好用。

（6）全套井控装置在现场安装完毕后，用清水（冬季采用防冻液）对井控装置连接部位进行试压。

（7）放喷管线安装在当地季节风向的下风方向，接出井口 30m 以远，通径不小于 50mm，放喷阀门距井口 3m 以远，压力表接在套管四通和放喷阀门之间，放喷管线如遇特殊情况需要转弯时，要用钢弯头或钢制弯管，转弯夹角不小于 120°，每隔 10 ～ 15m 用地锚或水泥墩固定牢靠。压井管线安装在上风向的套管阀门上。

（8）若放喷管线接在四通套管阀门上，放喷管线一侧紧靠套管四通的阀门应处于常开状态，并采取防堵措施、防冻措施，保证其畅通。

（9）井控装备在使用中的要求：

① 防喷器、防喷控制台等在使用过程中，井下作业队要指定专人负责检查与保养并做好记录，保证井控装置处于完好状态。

② 在不连续作业时，必须关闭井控装置。

③ 严禁在未打开闸板防喷器的情况下进行起下管柱作业。

④ 防喷器在不使用期间应保养后妥善保管。

302. 压裂施工过程中对井控有哪些要求？

（1）施工设计中提出的有关井控方面的要求和技术措施要向全队员工进行交底，明确作业班组各岗位分工，并按设计要求准备相应的井控装备及工具。

（2）在起下封隔器等大尺寸工具时，应控制起下速度，防止产生抽汲或压力激动。同时要有专人观察井口，以便及时发现溢流。发现溢流后要及时发出信号，发出信号要求：

① 发现溢流：发出一声长鸣笛，时间在 15s 以上。

② 关井：发出两声短鸣笛，每声短鸣笛持续时间在 2s 左右，间隔 1s 左右。

③ 关井结束：发出三声短鸣笛，每声短鸣笛持续时间在 2s 左右，间隔 1s 左右。

④ 开井（解除）：发出一声短鸣笛，持续时间在 2s 左右。

关井时，要按正确的关井方法及时关井或装好井口，其关井最高压力不得超过井控装备额定工作压力、套管实际允许的抗内压强度两者中的最小值。

（3）拆井口前要测油管压力、套管压力，根据实际情况确定是否实施压井，确定无异常方可拆井口，并及时安装防喷器。

（4）压裂过程中观察套管压力，套压上升超过 8MPa 应停止施工，套压不能超过 18MPa，若超过，则打开套管放空阀门进行套管放空，再关闭套管放空阀门观察，套压变化在 6MPa 以下且套压不再升高方可继续施工。

303. 压裂现场试压有哪些要求？

（1）防喷器及控制系统：

① 闸板防喷器及其连接部位在套管最小抗内压的 80%、套管四通额定工作压力、闸板防喷器额定工作压力三者中选择最小值进行试压。

② 防喷器及其连接部位试压到闸板防喷器额定工作压力，试压稳压时间不少于 10min，密封部位无渗漏，压降不超过 0.7MPa 为合格。

③ 如现场安装液压防喷器，控制系统安装好后，应对远程控制台至防喷器的控制管线进行额定压力的开启和关闭试验，稳压 5min，检验控制管线密封情况，无可见渗漏为合格。

④ 以组合形式出现的井控装置现场组合安装后，以各部件（不含环形防喷器）的额定压力的最小值，与套管最小抗内压强度的 80%、套管四通额定工作压力相比较，取三者中最小值为试验压力。

⑤ 试压介质为液压油或清水，当环境温度低于 0℃时，应根据低温环境选择合适的防冻、防堵试压介质。

⑥ 连续油管防喷器应根据连续油管设计施工压力进行试压。

⑦ 射孔防喷装置按额定工作压力试压。

（2）井控管汇：

① 防喷管线（节流阀前）按额定工作压力试压。

② 测试流程的管线和放喷管线试压不低于 10MPa，压降不超过 0.7MPa 为合格。井口至分离器入口试压与防喷管线一致。

③ 现场每次拆装防喷器和井控管汇后应重新试压。

④ 采油（气）井口装置：按额定工作压力试压，现场试压稳压时间不少于 10min，密封部位无渗漏，压降不超过 0.7MPa。

⑤ 所有新完钻的油水井、气井在打开油气层前应进行生产套管试压。

不采用套管或油套环空压裂的井：油水井试压 15MPa，气井试压 25MPa，稳压 30min，压降小于 0.7MPa 为合格。

采用套管或油套环空压裂的井：按照不超过井口、套管头、套管串抗内压强度最低值的 80% 压力值进行试压，稳压 30min，压降小于 0.7MPa 为合格。

304. 含有毒有害气体井的施工要求及注意事项有哪些？

（1）井口及有毒有害气体易聚集区安装有毒有害气体检测仪以及防爆型大功率电风扇，定期排风，防止硫化氢及有毒有害气体或可燃气体集聚。

（2）在井口、接液池、罐口等区域操作过程中，必须配备多功能气体监测仪，至少 2 人配合操作。无人操作期间，应在以上部位各放置一台多功能气体监测仪，随时保持监测状态，并有专人定时读取，记录监测数据。

（3）施工现场配备应急物资，正压式空气呼吸器数量应能够保证当班班组人员一人一套，另配备一定数量为公用，并且保持能够随取随用的状态。

（4）进入井场前，如发现气体监测仪报警，禁止进入，如果必须应急处理，必须按照单井应急预案程序，正确佩戴正压式空气呼吸器后方可进入。

（5）施工现场设置好风向标，能够及时判断清楚当前风向。

（6）每天开始工作之前，应由指定的现场安全监督进行日常安全检查。

（7）制定应急预案，并定期进行相关预防逃生应急演习。要求员工掌握硫化氢气体及其他有毒有害气体的基本化学性质，了解对人体的伤害程度、学会应对处置措施。

（8）建立有毒有害气体检测档案记录，对于检测到有关硫化氢气体等有害气体的施工现场，及时反馈信息到相关领导或管理者。

（9）严格执行压裂施工技术标准、操作规程。

305. 带压冲砂作业过程的注意事项有哪些？

冲砂管柱下至预计砂面 10m 以上时，开泵循环冲砂；冲砂时应适当控制套管出口压力，避免造成地层吐砂，出现砂卡管柱；冲砂液量应按 1.5 倍井筒容积循环。

306. 带压作业井施工难度类型划分的主要根据有哪些？

（1）关井压力。

（2）地层含硫化氢情况。

（3）下井工具长度。

（4）工艺复杂程度。

（5）施工环境。

307. 带压作业暂停起下作业时的井口控制安全要求有哪些？

计划不作业或需要暂停起下作业前尽量将管柱下到重管柱状态；在关闭卡瓦前应调节液缸高度，使油管接箍处于合适位置，便于连接旋塞阀、旋塞阀、压力表等；停止作业期间要保证管柱始终有三副卡瓦控制。卡瓦系统的关闭方式应根据井下管柱是重管柱状态还是轻管柱状态来确定，对于重管柱，应关闭固定承重、移动承重、移动防顶；对于轻管柱，应关闭固定防顶、移动防顶、移动承重。暂停作业期间，现场应有专人值守。

308. 中和点计算结果与实际存在误差的主要原因有哪些？

中和点计算结果与实际存在误差的主要原因有管柱自身重量不均，井筒压力的变化，管柱与防喷器的摩擦力、管柱与套管的摩擦力、液压系统的摩擦力等因素。

309. 带压作业有哪些优势？

带压作业的优势：保护产层，提高储量利用率；实现零污染，延长油气井的生产周期；保护环境，节能减排，实现零排放；缩短综合作业工期；节约压井液成本。

310. 带压作业机设定上提力的操作步骤是什么？

首先设定液缸压力为零，操作液缸至顶部，拉住操作杆，加大油门同时右旋液缸调节阀，观察上提力表值到所需举升力。松开油门、操作杆后，空举液缸确定上提力值。

311. 带压设备的工作原理是什么？

带压设备通过带压作业机和桥塞式堵塞器的相互配合来实现油水井带压环境下起下管柱作业。管柱内的压力通过桥塞或堵塞器来控制，带压井作业机的防喷器组控制油套环形空间的压力。

起下管柱作业过程中，在管柱的自重低于井内压力的上顶力时，用移动防顶加压卡瓦和固定防顶卡瓦控制管柱的起下：通过液压缸、移动防顶加压卡瓦及固定防顶卡瓦三者的配合起管柱时，给管柱施加一定的控制力，靠液压缸的举升力将井内管柱起出；下管柱时，给管柱施加一定的下推力，将管柱下入井内至管柱的自重大于井内压力为止；在管柱的自重高于井内压力的上顶力时，用移动承重卡瓦和固定承重卡瓦进行起下作业。

312. 连续油管技术的优越性有哪些？

（1）作业成本低；（2）增加油井产量；（3）保护油层，作业安全；（4）水平井、定向井作业中方便快捷；（5）机械化程度高，劳动强度低；（6）不压井。

313. 典型的连续油管作业机由什么组成？

典型的连续油管作业机主要由注入头和导向器、滚筒和软管滚筒、连续油管、动力与控制系统、井口压力控制系统、数据采集与监测系统和运输装置等组成。

314. 连续油管作业机如何分类？

连续油管作业机根据滚筒运输形式的不同可分为车装式、拖装式和橇装式。

315. 连续油管注入头的主要功能是什么？

注入头的主要功能是驱动连续油管克服自身重力、井筒对连续油管的摩擦力和井下压力对连续油管的上顶力，并根据作业需要控制连续油管的速度，把连续油管下入井内，或从井筒内起出，或悬停在井筒内，或在作业遇阻时上提解卡。

316. 连续油管作业工艺可应用于哪些领域？

连续油管作业工艺应用领域：压裂、冲砂洗井、清蜡、酸化、压井、气举求产、钻磨桥塞、挤水泥封堵、斜井和水平井测井、起下和坐封膨胀式封隔器、完井、清洗管线、井底电视摄像、小井眼井钻井、老井第二次钻井或加深钻井、套管开窗侧钻、欠平衡钻井以及钻水平井和大位移井、输送管线。

317. 连续油管的特点是什么？

连续油管的特点是高塑性、高强度、耐蚀性及连续性。

318. 什么是连续油管管柱的屈曲？

在连续油管下入过程中，管柱本身的重力和管柱与井壁摩擦的影响使得管柱在受压时由初始的近似直线状态（稳定状态）变为曲线状态（另一种稳定状态），这就是管柱的屈曲。

319. 影响连续油管深度的因素有哪些？

影响连续油管深度的因素有轴向载荷的拉伸、增温产生的伸长、压力引起的伸长、螺旋弯曲引起的收缩。

320. 连续油管工具的主要扣型有哪些？

连续油管工具的主要扣型有 PAC 扣、油管扣、ACME 扣、AMMT 扣及 REG 扣。

321. 连续油管注入头由什么组成？

连续油管注入头一般由驱动系统、链条系统、夹持系统、张紧系统、箱体、框架及附件、液压系统和监测系统等组成。

322. 连续油管导向器由哪几部分组成？作用是什么？

组成：连续油管导向器为弧形结构，主要由弧形主架、支撑液缸、挡棍、挡杆、滚轮、压盒等部分构成。

作用：起下连续油管作业时，将连续油管从滚筒上导入注入头内或者从注入头内导向滚筒。

323. 连续油管鹅颈管的作用是什么？

连续油管鹅颈管用销固定在一个可调整的支架上，在连续油管进出注入头时起支撑和引导的作用。外径在 3.5in 内的所有连续油管都有适合的滚轮，因而注意合适的鹅颈管位置对于保证载荷传感器读数正确和链条系统平稳运行至关重要。

324. 连续油管机滚筒的作用是什么？

（1）存放和运输连续油管；（2）配合注入头起下连续油管；（3）通过专用连接装置向连续油管内注入压井液、洗井液或压裂液。

325. 连续油管防喷盒的作用和工作原理是什么？

作用：有效密封连续油管外环空压力，防止油、气、水等溢出，实现安全带压作业，避免环境污染。

工作原理：防喷盒内部胶芯在液压压力的作用下产生变形，与连续油管紧密接触形成密封，从而有效隔离油气井内部与大气之间的压力，实现动密封。

326. 连续油管动力与控制系统由什么组成？

连续油管动力与控制系统主要包括动力与传动系统、液压控制系统、控制室等部分，是向连续油管作业机各执行机构提供动力和控制指令的核心部分。

327. 连续油管机蓄能器有哪几类？作用是什么？

分类：连续油管机蓄能器主要包括防喷器蓄能器和优先控制蓄能器两类。

作用：稳定液压系统压力，避免液压系统压力产生过大波动。当工作中异常停机时，依靠蓄能器内蓄积的液压压力可以关闭防喷盒、完成注入头对连续油管的夹紧操作。

328. 连续油管数据采集系统由什么组成？作用是什么？

组成：连续油管数据采集系统主要由传感器、数据采集硬件和数据采集软件三个部分组成。

作用：（1）通过数值、仪表、波形曲线等形式显示实时数据；（2）实时数据存储；（3）在指定通道设置报警；（4）查看历史数据；（5）与其他分析软件接口。

329. 连续油管数据采集一般包括哪些参数？

连续油管数据采集的参数：（1）注入头载荷；（2）井口压力；（3）循环压力和油管、套管端进出口压力；（4）连续油管入井深度、速度；（5）介质流体瞬时流速及累积流量。

330. 连续油管四闸板防喷器功能是什么？由什么组成？

功能：连续油管四闸板防喷器由液压进行控制和操作，可以有效密封连续油管和井下工具。它是连续油管作业的重要组成部分，所有连续油管作业中都应安装。

组成：装置包括四套液压驱动的防喷器闸板，四套闸板自上而下排列为全封闸板、剪切闸板、悬挂闸板、半封闸板。

331. 常用的连续油管尺寸及其用途分别是什么？

30.8mm（1½ in），常用于管内清蜡解堵、管内燃爆切割；50.8mm（2in），常用于连续油管钻磨桥塞；60.3mm（2⅜ in）和73mm（2⅜ in），常用于压裂。

332. 连续油管直井压裂技术有哪几类？

连续油管直井压裂技术有连续油管直井精控压裂技术、连续油管直井缝网压裂技术和连续油管直井重复压裂技术。

333. 连续油管环空加砂压裂工具串主要由哪些部件组成？

连续油管环空加砂压裂工具串主要由外卡瓦连接器、机械丢手、水力喷枪、平衡阀、Y211机械封隔器及接箍定位器等组成。

334. 连续油管钻磨桥塞工具串主要由哪些部件组成？

连续油管钻磨桥塞工具串主要由外卡瓦连接器、马达头总成、震击器、螺杆马达及磨鞋等组成。

335. 连续油管除垢解堵作业的主要特点是什么？

连续油管除垢解堵作业的主要特点：油管内作业，可不起出原井管柱；带压作业，施工连续，速度快；清洁油管效果好，恢复通径彻底。

336. 如何判断盘刹作业机安全钳刹车动作是否正常？

通过观察安全钳液压缸活塞杆的动作幅度和动作位置来判断刹车动作是否正常，在标准液压压力条件下，盘刹安全钳刹车时液压缸活塞杆活动范围为 3 ～ 5mm，安全钳松开刹车时活塞杆部分缩入液压缸内，此时液压缸端面应距离活塞杆倒角位置至少有 2mm 的距离。

337. 盘刹作业机一个工作钳刹车动作过慢的原因是什么？

盘刹作业机一个工作钳刹车动作过慢的原因：工作钳液压缸供油管路通径局部堵塞；工作钳液压缸快插接头未插接到位，阀芯没有正常打开；工作钳液压缸呼吸口用丝堵堵死。

338. 作业机柴油机中冷器开裂可能导致什么后果？

中冷器开裂会导致进气压力不足，使柴油机排气烟色变浓，输出功率降低，燃油消耗量异常增加，大负荷作业时柴油机会出现排气冒黑烟的情况。

339. 不打开作业机柴油机空气滤清器盖如何确认空气滤芯进气阻力过大？

通过观察空气滤清器尾部安装的空气压力指示器浮子是

否被吸起，可以确认空气滤芯是否阻力过大。更换或清理空气滤芯后，应按动浮子上的按钮，使被吸起的浮子复位。

340. 如何确认作业机柴油机油底壳是否进水？

柴油机呼吸管有过量白色气体溢出，白色气体无下排气的废气味道，打开柴油机加油口盖，发现有水珠和乳化油痕迹，说明油底壳进水。

341. 液压猫道起升臂起升后自动回落的原因是什么？

液压猫道起升臂起升后自动回落有三种原因：起升液压缸内有大量空气；起升液压缸活塞油封老化损坏，密封不严漏油；液压阀密封不严，存在自动回油的情况。

342. 液压猫道液压泵启动后出现过大异响的原因有哪些？

液压猫道液压泵启动后出现过大异响的原因：液压油箱出油滤芯脏污，液压泵吸油阻力过大；使用了不符合环境温度要求的液压油，液压油黏度过大，导致液压泵吸油阻力过大；液压油乳化变质，低温时乳化液压油黏度大，导致液压泵吸油阻力过大；液压泵与电动机联轴器磨损间隙过大，转动时发出冲击响声。

343. 作业机盘刹液压动力站蓄能器氮气压力状态识别方法有哪些？

作业机盘刹液压动力站蓄能器氮气压力状态识别方法：操作室盘刹系统压力仪表指针与安全钳压力表指针摆动状态识别法；动力站起机系统压力变化状态识别法；动力站起机油箱油位变化识别法；蓄能器泄压声音长短识别法；压力表安装实测识别法。

344. 如何判断作业机滚筒离合器气囊是否漏气？

在作业机气控系统气压为最大值时，将柴油机熄火，然后挂合滚筒离合器，在滚筒旁边仔细倾听是否有漏气声音。

用该种方法还可以判断作业机所有控制气路是否有漏气点。

345. 连续油管用 Y211 封隔器不坐封、不解封时应如何处理？

不坐封时的处理方法：

在同一位置试坐封 1 次，若仍不坐封则开泵正循环冲洗，再次试坐封 2 次，若坐不住则上提 20m 再次试坐封 2 次，如果还不行，提至直井段试坐封，若仍不坐封则起出管柱。

不解封时的处理方法：

将连续油管过提 2 ～ 3t，连续油管起泵，排量为 $0.6m^3/min$，注入 3 ～ 5min，若不能解封，则油套同时注入 5 ～ 8min；若不能解封，则瞬间开关套管阀门，同时连续油管快速上提。

346. 连续油管压裂工具遇阻如何处理？

（1）下放遇阻：压裂管柱在下入过程中有遇阻显示，则上提管柱 10m 再下入，先判断封隔器是否意外坐封，如果此时封隔器坐封，则再次上提下放使封隔器进入非坐封轨道再下入；若在相同位置遇阻，则以开泵排量 $0.6m^3/min$ 正循环冲洗，再进行下放；若无进尺，连续油管可以下压，加压不得超过 3t，最多可以加压 3 次；若仍无进尺，则记录遇阻深度，起出管柱。

（2）上提遇阻：压裂管柱在上提过程中有遇阻显示则停止上提，下放油管，待悬重恢复正常时，循环 5 ～ 10min，缓慢上提，反复三次，若正常则继续上提。若仍遇阻，则尝试调整上提速度、循环排量，尝试解卡；需要较大负荷解卡时，可尝试停泵以降低连续油管载荷，上提解卡，解卡吨位以各岗位权限为主。若仍遇阻，但可以正常下放，则将工具串下放至井底，投球将工具串丢手，起出连续油管。若仍遇阻且不能下放，则直接投球将工具串丢手，起出连续油管，后期进行大修处理。

347. 连续油管遇卡如何处理？

（1）上下活动解卡：

以 5 ～ 10m/min 的速度上下活动连续油管尝试解卡，活动过程中密切关注悬重变化，上提悬重控制在屈服极限的 80% 以内，下压悬重控制在 6t 以内，如果不能解卡则进行步骤（2）。

（2）泵注金属减摩阻剂解卡：

① 使用清水替浆直至灌满井筒，保持下压力 6t 以内，泵注金属降阻剂 $6m^3$（配比为 0.2% ～ 0.3%）。

② 泵注金属减摩阻剂的过程中，控制出口排量略大于或等于泵注排量。

③ 待金属减摩阻剂全部进入井筒后停泵，关注悬重变化。

④ 如果下压悬重值没有恢复，尝试上提油管至正常悬重后，重新下压（40kN），没有效果则重复尝试。

⑤ 如果悬重恢复，则表明连续油管解卡，低速（5m/min 以内）上提油管并保持泵注，控制出口排量略大于或等于泵注排量，使金属减摩阻剂布满整个井筒。

⑥ 如果多次下压无法下入，则尝试上提油管解卡，上提力尽量控制在屈服极限的 80% 以内，上提前通知无关人员远离危险区域。

⑦ 如果不能解卡则继续开泵正循环，控制出口排量略大于或等于泵注排量，循环 1.5 周井筒体积后停泵关返排，上下活动尝试解卡，如果解卡不成功则进行步骤（3）。

（3）环空反挤解卡：

① 连接环空反挤流程，试压 50MPa，稳压 10min 合格后开始进行环空反挤解卡作业。

② 连续油管预压 40kN，关闭返排后起泵打压使井口压力上升至 35MPa，泵压超压设定为 50MPa，如果井口压力上升不明显可适当提高泵注排量。

③ 环空反挤过程中，密切关注悬重变化，同时将操作方向手柄置于出井方向，随时准备上提油管，控制下压悬重在 40kN 内，如果悬重恢复，表明解卡。

④ 如果悬重没有恢复，则适当提高井口反挤压力重新尝试，控制井口反挤压力在 50MPa 以内。

环空反挤解卡失败则进行步骤（4）。

（4）悬挂解卡：

① 针对可溶桥塞卡钻，应用上述方法仍无法解卡，可尝试悬挂一定时间待可溶桥塞溶解后解卡。

② 泵入一定量可溶药剂促进可溶桥塞溶解解卡。

悬挂解卡失败则进行步骤（5）。

（5）投球脱手：

① 投球前确认好投球尺寸（25mm 钢球），并使连续油管处于过提状态，然后从连续油管滚筒处投放小球。

② 泵车以低排量（0.2 ～ 0.3m^3/min）打备压（与连管内压力一致），打开滚筒阀门泵送推动球进入安全接头内，待球落入球座后，泵车阶梯性缓慢加压，每 5MPa 稳定 2min，与井内建立 25MPa 压差（若井内压力高，需使用 10 ～ 15mm 油嘴进行放压），注意观察泵压及悬重值，如果泵压突然上升后又下降，悬重恢复，则表明工具脱手，上提连续油管至井口，讨论下一步作业计划；若仍不丢

手，则继续以 5MPa 等级提高压力，最高压差不超过 35MPa 丢手。

348. 连续油管发生断裂应如何处理?

(1) 关闭卡瓦闸板及半封闸板后，关闭节流管汇处阀门及连续油管滚筒入口旋塞阀。

(2) 回收断裂后的连续油管进滚筒，使用两个管卡卡住鹅颈管到滚筒之间断裂的连续油管。

(3) 若井带压、防喷盒失效或井口压力较高，则先压井（从节流管汇进行压井），后使用吊车牵引油管并打开半封闸板及卡瓦闸板，将断裂的油管穿进准备好的空滚筒，回收剩余的连续油管。

(4) 若防喷盒未失效且井口压力较低，则使用吊车缓慢牵引油管，打开半封闸板及卡瓦闸板，将断裂的油管穿进准备好的空滚筒，回收剩余的连续油管。

349. 在连续油管上提和下放过程中，井控设备哪些部位可能出现泄漏？如何处理?

(1) 防喷盒和防喷器之间泄漏：主要表现为防喷盒不能有效封闭连续油管与井筒的环形空间，造成连续油管环形空间内的液体泄漏，主要原因是防喷盒胶芯磨损或防喷盒液缸不能工作。

处理方法：

① 确保连续油管通过防喷器。

② 确保连续油管处于静止状态。

③ 关上防喷器半封闸板并手动锁紧。

④ 打开防喷器泄压阀门放掉井口压力。

⑤ 对漏点进行整改，恢复井口。在打开防喷器闸板时确保压力上下平衡。

⑥ 必须密切监测泄漏状况和井筒状况，方便出现异常时能尽快作出反应。

⑦ 恢复作业。

⑧ 如果泄漏过于严重，关闭防喷器半封闸板，讨论下一步作业。

⑨ 如需压井时，则从连续油管内压井。

⑩ 压井成功之后上提连续油管出井口。

⑪ 小心作业，时刻监测井口压力。

（2）地面管线泄漏。

处理方法：

① 停止连续油管当前施工。

② 确保人员远离危险区域。

③ 关闭连续油管的入口旋塞，确保连续油管内部压力稳定。

④ 监测连续油管内外压差，必要时通过油嘴来调节井内压力，防止连续油管内外压差过大损坏连续油管。

⑤ 泄出地面管线内的压力，并整改漏点。

⑥ 对地面管线进行试压，试压合格方可使用（打开连续油管的入口旋塞前需在地面管线内打平衡压）。

（3）连续油管泄漏。

处理方法：

① 停止连续油管当前施工。

② 下放连续油管将穿孔处置于防喷盒与防喷器半封闸板之间。

③ 较小泄漏：

a. 泵车起泵向连续油管内泵注清水，将管内的天然气顶至井内。

b. 如果现场和井内状况允许在较小的泄漏下收回连续油管，可以在以下预防措施下上提连续油管：连续油管的结构整体性在弯曲时会很快被破坏，回收连续油管时必须避免过多的弯曲并使连续油管上的受力减到最小，要适当降低连续油管内压力，减小滚筒给连续油管的后张力。告知井场人员可能存在的安全隐患，并隔离连续油管周围的区域。

④ 严重泄漏：

a. 将泄漏点置于防喷盒与防喷器的半封闸板之间并关上半封闸板；泵车起泵向连续油管内泵注清水，将管内的天然气顶至井内；消防车做好灭火的准备。

b. 在严重泄漏的情况下需考虑连续油管的受力能力，以避免连续油管断裂。在回收连续油管之前必须确认单向阀正常工作。

c. 检查井口压力并评定连续油管挤毁的风险。

d. 当井带压时，压井以便安全回收连续油管。

350. 井内压力远大于连续油管内压，连续油管受力发生挤毁损坏，应如何处理？

（1）挤毁延伸至防喷盒以上，连续油管活动困难，防喷盒处泄漏：

① 关上防喷器剪切闸板，待连续油管落入井内，关闭井口主阀。

② 井口防喷装置泄压后释放防喷盒自封压力，摘除防喷盒密封胶芯和铜套。

③ 回收剩下的连续油管。

④ 压井，讨论下一步落井连续油管打捞作业计划。

（2）挤毁发生在防喷盒以下，多次尝试上提毫无进尺而下放正常：

① 下入连续油管，确认连续油管完好部分下至防喷器半封以下，关上防喷器卡瓦闸板和半封闸板。

② 压井，防喷器内泄压后释放防喷盒自封压力，摘除防喷盒密封胶芯和铜套。

③ 打开防喷器半封和卡瓦闸板，回收连续油管。

④ 若无法压井，执行剪切油管操作。

二、HSE 知识

（一）名词解释

1. **特种作业**：按照国家有关规定包括电工作业、焊接与热切割作业、高处作业、制冷与空调作业、煤矿安全作业、金属非金属矿山安全作业、石油天然气安全作业、冶金（有色）生产安全作业、危险化学品安全作业、烟花爆竹安全作业、安全监管总局认定的其他作业等。

2. **高处作业**：在距坠落基准面 2m 及 2m 以上有可能坠落的高处进行的作业。

3. **挖掘作业**：使用人工或推土机、挖掘机等施工机械，通过移除泥土形成沟、槽、坑或凹地的挖土、打桩、地锚入土深度在 0.5m 以上的作业；建筑物墙壁开槽打眼，造成某些部分失去支撑的作业；在铁路路基 2m 内的挖掘作业。

4. **动火作业**：在具有火灾、爆炸危险性的生产或者施工作业区域内，以及可燃气体浓度达到爆炸下限 10% 以上的生产或施工作业区域内可能直接或者间接产生火焰、火花或者炽热表面的非常规作业。

5. 井控：井涌控制或压力控制，就是采取一定的方法控制住地层孔隙压力，基本上保持井内压力平衡，保证井下作业的顺利进行。

6. 井侵：当地层压力大于井底压力时，地层中的流体侵入井筒液体内的现象。

7. 气侵：天然气侵入井筒内流体后，造成静液压力和井筒压力及流体性质改变的现象。

8. 溢流：当井侵发生后，地层流体过多地侵入井筒内，使井内流体自行从井筒内溢出的现象。

9. 井涌：井内液体过多地溢出井口，出现涌出的现象。

10. 井喷：地层流体无控制地涌入井筒，喷出地面的现象。

11. 井喷失控：井喷发生后，无法用常规方法控制井口而出现敞喷的现象。

12. 抽汲压力：由于上提管柱而使井底压力减少的压力。

13. 激动压力：由于下放管柱而使井底压力增加的压力。

14. 硬关井：在发生溢流或井喷之后，在放喷阀门、节流阀和四通等旁侧通道全部关闭的情况下关闭的防喷器。

15. 软关井：在溢流或井喷时，在套管旁侧通道适当打开的情况下，关闭防喷器，然后再关闭套管阀门。

16. 高风险井：高风险井包括高压井、高产气井、含硫等有毒有害气体的高危害井、高敏感区域井、复杂结构井及特殊工艺井等。

17. 井控设备：为实现油、气、水井压力控制技术而设置的一整套专用设备、仪表和工具，是对井喷事故进行预防、监测、控制、处理的关键装置。

18. 防喷器：井下作业井控必须配备的防喷装置，对预防和处理井喷有非常重要的作用。

19. 内防喷工具：在井筒内有作业管柱或空井时，密封井内管柱通道，同时又能为下一步措施提供方便条件的专用防喷工具。

20. 移动式起重机吊装作业：移动式起重机是指自行式起重机，包括履带起重机、汽车起重机、轮胎起重机等，不包括桥式起重机、龙门式起重机、固定式桅杆起重机、悬挂式伸臂起重机以及额定起重量不超过 1t 的起重机。

（二）问答

1. 动火作业的安全要求有哪些？

（1）遇有五级风及以上天气应停止一切露天动火作业，因生产确需动火作业，应升级管理。

（2）动火作业区域应设置灭火器材和警戒，严禁与动火作业无关人员或者车辆进入作业区域。必要时，作业区域所在单位应协调专职消防队在现场监护，并落实医疗救护设备和设施。

（3）动火作业开始前 30min 内，作业单位应对作业区域或者动火点可燃气体浓度进行检测分析，合格后方可动火。超过 30min 仍未开始动火作业的，应重新进行检测分析。

（4）动火作业人员应在动火点的上风向作业，并采取隔离措施控制火花飞溅。

2. 井控装备的安装检验有何要求？

（1）现场安装前要认真保养防喷器，并检查闸板芯子尺寸是否与所使用管柱尺寸相吻合，检查配合三通的钢圈尺寸、螺孔尺寸是否与防喷器、套管四通尺寸相吻合。（2）防喷器安装必须平正，各控制阀门、压力表应灵活可靠，上齐上全连接螺栓。（3）防喷器控制系统必须采取防冻、防堵、防漏措施，安装在距井口 25m 以远，保证灵活好用。

3. 作业施工如何报火警？

一旦失火，要立即报警，报警越早，损失越小，打电话时，一定要沉着。首先要记清火警电话“119”，接通电话后，要向接警中心讲清失火井位的地址、什么东西着火、火势大小，以及火的范围。同时还要注意听清对方提出的问题，以便正确回答。随后，把自己的电话号码和姓名告诉对方，以便联系。打完电话后，要立即派人到交叉路口等待消防车的到来，以利于引导消防车迅速赶到火灾现场。还要迅速组织人员疏散消防通道，消除障碍物，使消防车到达火场后能立即进入最佳位置灭火救援。

4. 油田井下作业施工中可能造成的环境污染主要因素有哪些？

油田井下作业施工可能造成的环境污染主要因素：落地原油、洗井废水、作业废水、措施作业时的化学液体、井内挥发气体、车辆废气排放及噪声污染等是造成井下作业施工污染的主要原因。

5. 人体触电的原因有哪些？

触电的原因：（1）违规操作；（2）绝缘性能差漏电，接地保护失灵，设备外壳带电；（3）工作环境过于潮湿，未采取预防触电措施；（4）接触断落的架空输电线或地下电缆漏电。

6. 井下作业现场生活区环境管理的要求是什么？

（1）生活区内无丢弃的废弃物；（2）宿营房内被褥清洁平整，用具摆放整齐；（3）宿营房内四壁、屋顶无灰尘和粘贴物，地面无油污、清洁；（4）生活区内放置垃圾箱，废弃物按照可降解和不可降解分别存放，并定期进行回收处理。

7. 进入受限空间作业的主要风险有哪些？

进入受限空间作业的主要风险：（1）缺氧（空气中的含氧量低于 19.5%）；（2）易燃易爆气体（石油伴生气等）；（3）有毒气体或蒸气（一氧化碳、硫化氢、焊接烟气等）；（4）物理危害（极端的温度、噪声、湿滑的作业面、坠落、尖锐锋利的物体）；（5）吞没危险；（6）腐蚀性化学品。

8. 夏季井下作业施工如何做好防暑降温工作？

（1）根据实际情况合理安排施工作业时间，尽量避免施工人员长时间在高温环境中作业。（2）严格检查、检测高温条件下施工作业面挥发的有毒有害、易燃易爆气体，采取有效措施，避免中毒、窒息、爆炸等事故的发生。（3）施工作业现场要为施工作业人员提供消暑降温饮品，及时为施工人员补充身体所需水分及矿物质。（4）野营房内空调设施应齐备、完好。（5）有限空间作业要采取降温、排送风等有效措施。（6）施工现场使用的各种气瓶、易燃易爆品要采取防晒、降温措施。（7）作业现场要配备足够的医疗用品，做好救治准备工作。

9. 当发现作业现场营房房体带电时，正确的做法是什么？

（1）营房内人员暂留房内，外部人员远离带电营房；（2）关闭总电源，撤离营房内人员；（3）通知电工检查维修用电线路及电气设备。

10. 营房保护接地电阻、电气设备保护接地电阻应满足什么要求？

营房保护接地电阻不大于 10Ω，电气设备保护接地电阻不大于 4Ω。

11. 临时用电的管理要求有哪些？

⑴ 临时用电应由电气专业人员进行；⑵ 在开关上安装、拆除临时用电线路时，其上级开关应断电上锁；⑶ 临时用电必须做到防雨、防潮、接地、漏电保护；⑷ 各类移动电源及外部自备电源，不得接入电网；⑸ 经过有高温、振动、腐蚀、积水及机械损伤等危害的部位，不得有接头，并应采取相应的保护措施；⑹ 临时用电单位不得擅自增加用电负荷，变更用电地点、用途，一旦发生此类现象，生产单位应立即停止供电；⑺ 临时用电线路和电气设备的设计与选型应满足爆炸危险区域的分类要求；⑻ 动力和照明线路应分路设置；⑼ 工作人员必须按规定做好个人防护；⑽ 临时用电作业实行作业许可，需要办理临时用电作业许可证。

12. 什么是作业现场反送电现象？反送电的危害是什么？

反送电现象：现场自备发电设备的输出端与油田电网连通，电流经变压器反向放大进入电网的现象。

反送电的危害：⑴ 反送电的量过大会引起电压波动，对电网的发供电负荷的调整和调度带来困难。⑵ 当电网停电维修时，突然的反送电会造成用电设备的损坏及发生检修人员触电的安全事故。

13. 作业施工中造成倒井架事故的隐患有哪些？

井架基础抗压能力不达标，基础下陷；井架负荷绷绳垂度过大，使井架承载能力严重降低；井架倾角过大，使井架承载能力严重降低；防风绷绳垂度过大，使井架抗风能力严重降低；防风绷绳墩与地面摩擦系数小，大风条件下基墩对井架拉力不足；防风绷绳墩位置严重偏差，使井架稳定性严重变差；防风绷绳或负荷绷绳连接不可靠，大负荷或大风条件下绷绳与固定点脱开；大钩大角度上提重物，井架承受水平分力过大；立井架违规操作导致井架与 Y 形支腿连接点撕裂导致井架倾倒。

14. 为什么作业机大钩不允许远距离吊拽重物？

作业机大钩远距离吊拽重物时，水平拉力增大，容易发生拉倒井架事故。

15. 哪些情况下应立即终止作业，取消相关作业许可证？

有下列情况之一，都应该终止作业，取消相关作业许可证：

（1）作业环境和作业条件发生变化；

（2）作业内容发生改变；

（3）实际作业与作业计划发生重大偏离；

（4）发现有可能发生立即危及生命的违章行为；

（5）现场发现重大安全隐患；

（6）发出紧急撤离信号；

（7）紧急情况或事故状态下；

（8）作业许可证过期。

16. 作业现场中的警示标识有哪些？

作业现场中的警示标识有注意安全、当心落物、当心触电、当心机械伤人、禁止吸烟、禁止烟火、必须戴安全帽、必须穿工作服、当心爆炸、当心超压、当心高压管线、禁止乱动消防器材、止步、高压危险等。

17. 压裂施工中的风险主要有哪些？

压裂施工中的风险主要有放射线辐射，冻伤或中暑，火灾爆炸，交通事故（车辆伤害），噪声，高空坠落，管线爆裂，酸液腐蚀烧伤，高温蒸汽烫伤，以及粉砂、树脂砂带来的粉尘污染（尘肺病）。

18. 为什么缝网压裂的安全风险高于常规压裂？

缝网压裂工艺的特点之一是要有较高的施工排量（保持较高的缝内净压力）和较大施工规模，一般施工排量大于5m^3/min，施工液量大于1000m^3，表现为施工压力高（管线磨阻大，施工泵压60MPa以上），含砂液体在管道内流速高，对整体承压系统的连接处和转弯处磨蚀较大，如果发生砂堵情况，水击效应会产生很高的冲击压力。因此，缝网压裂施工要保证较高的系统安全承压能力，施工人员要保证对承压系统的安全距离。

19. 为什么作业现场要尽量避免交叉作业？

凡一项作业可能对其他作业造成危害、不良影响或对其他作业人员造成伤害的作业均构成交叉作业。交叉作业的范围在同一作业区内进行有关的工作，可能危及对方安全和干扰其工作，两个以上的作业活动在同一区域内同时作业，因作业空间受限制，人员多，工序多，设备复杂，联系不畅，所以作业干扰多，需要配合协调的作业多，现场安全隐患多，可能造成高处坠落、物体打击、机械伤害、车辆伤害、触电等安全事故。

20. 为什么井下压裂作业施工班组要一贯而长期地坚持班组防喷演练工作？

压裂施工的目的就是改造油层达到增产的效果，压裂施工后油井产量提高，井控风险增大，施工作业班组定期防喷演练就是训练员工在井喷情况发生时所采取的紧急控制措施的程序、方法、步骤合理有效，使员工对任何井喷工况的反应成为习惯。

21. 为什么要尽量避免远距离压裂施工？

远距离压裂一般地面压裂承压管线累计长度达到或超过

200m，首先由于地面承压管线长度增大，导致系统磨阻增加，地面泵压增高，安全风险加大。其次地面承压管线长度增大，连接点增多，管线发生爆裂的风险增大。最后由于地面承压管线长度增大，压裂施工中看护区域增大，环境污染及人身伤害安全风险加大。

22. 井下作业中起下压裂管柱存在哪些安全风险？

（1）机械伤害。①操台板不牢固、不防滑，滑倒后手插进液压钳。②操作液压钳时袖口未系紧，被绞入钳内。（2）物体打击。①吊卡、吊环损坏或者大绳断，上提油管容易发生物体打击。②天车或游动滑车配件脱落。③背钳绳或液压钳尾绳突然断。④操作不平稳，挂单吊环、刮碰井口、井架和抽油机。⑤井口操作台不牢固、湿滑或有障碍物摔倒。⑥吊卡销、手柄松动掉落。⑦下油管时上偏扣或上扣不到位，油管坠落。⑧起管柱速度过快，突然遇卡，拉倒井架。⑨起压裂管柱时，井内压力高，管柱上顶，飞管柱。⑩吊卡月牙断裂，油管脱落。

23. 压裂施工中哪些过程（部位）含有危险化学品？

（1）压裂施工过程中混砂车泵入的压裂液添加剂中部分含有危险化学品成分。（2）混砂车测量砂比的密度计中装有放射性同位素。（3）大型压裂中，压裂设备施工中补充燃料含有危险化学品。（4）压裂施工酸化地层使用的土酸为危险化学品。（5）具有防砂作用的固砂剂含有危险化学品。

24. 井控装备主要包括哪些设备？

井控装备主要包括防喷器、简易防喷装置、采油（气）树、旋塞阀、内防喷工具、防喷器控制台、压井管汇、节流管汇及相匹配的阀门等。

25. 防喷演习过程中警报声有哪几种？

发现溢流：发出一声长鸣笛，时间在15s以上。

关井：发出两声短鸣笛，每声短鸣笛持续时间在2s左右、间隔1s左右。

关井结束：发出三声短鸣笛，每声短鸣笛持续时间在2s左右、间隔1s左右。

开井（解除）：发出一声短鸣笛，持续时间在2s左右。

26. 井下作业中开关井口阀门操作的主要风险有哪些？

（1）物体打击。开关阀门时，身体正对阀门丝杠，阀门丝杠飞出。（2）压力伤害。管线接头或活接头连接不好，高压液体喷出。（3）油气中毒、火灾。管线接头或活接头连接不好，油气泄漏，容易发生油气中毒或遇明火发生火灾。

27. 按规定要求，什么情况下必须安装防喷器、放喷管线和压井管线？

新井（老井补层）、高温高压井、气井、含硫化氢等有毒有害气体井、大修井、压裂酸化措施井的施工作业必须安装防喷器、放喷管线及压井管线。

28. 溢流的主要原因有哪些？

溢流的主要原因：（1）起管柱时井内未灌满修液或灌量不足；（2）起管柱产生过大的抽汲压力；（3）修液密度不够；（4）地层漏失；（5）地层压力异常。

29. 井喷失控的主观原因有哪些？

井喷失控的主观原因：（1）井控意识不强，违章操作；（2）起管柱产生过大的抽汲力；（3）起管柱时不灌或没有灌满修井液；（4）施工设计方案中片面强调保护油气层而使用的修井液密度偏小，导致井筒液柱压力不能平衡地层压力；（5）井身结构设计不合理及完好程度差；（6）地质设计方案未能提供准确的地层压力资料，造成使用的修井液密度低，致使井筒液柱压力不能平衡地层压力；(7) 发生井漏未能及时处理或处理措施不当；(8) 注水井不停注或未减压。

30. 井喷发生后的安全处理措施有哪些？

(1) 在发生井喷初始，应停止一切施工，抢装井口或关闭防喷装置。(2) 一旦井喷失控，应立即切断危险区的电源、火源及动力熄火。(3) 立即向有关部门报警，消防部门要迅速到井喷现场值班，准备好各种消防器材，严阵以待。(4) 在人员稠密区或生活区要迅速通知熄灭火种。(5) 当井喷失控，短时间内又无有效的抢救措施时，要迅速关闭附近同层位的注水、注蒸汽井。(6) 井喷后未着火井可用水力切割严防着火。(7) 尽量避免夜间进行井喷失控处理施工。

31. 现场井控装备的试压要求是什么？

(1) 闸板防喷器在套管最小抗内压强度的 80%、套管四通额定工作压力、闸板防喷器额定工作压力三者中选择最小值进行试压。(2) 若使用环形防喷器应在套管最小抗内压强度的 80%、套管四通额定工作压力、环形防喷器额定工作压力的 70%，三者中选择最小值进行试压。(3) 试压稳压时间不少于 10min，密封部位无渗漏，压降不超过 0.7MPa 为合格。(4) 防喷管线（节流阀前）按额定工作压力试压。(5) 测试流程的管线和放喷管线试压不低于 10MPa，压降不超过 0.7MPa 为合格；井口至分离器入口试压与防喷管线一致。

32. 现场井控放喷管线及测试流程安装有何要求？

(1) 一级、二级井控风险井放喷管线及测试流程出口应接至距井口 30m 以远的安全地带（地层压力不低于 70MPa 的高压油气井放喷管线出口应接至距井口 75m 以上的安全地带；含硫化氢油气井放喷管线出口应接至距井口 100m 以上的安全地带）。（2）三级井控风险井应安装防喷管线并配备相应压力表，可不接压井、放喷管线，但应保证具备压井、放喷通道，套管阀门应齐全、灵活好用，现场应备至少接出井场外安全地带的放喷管线。（3）放喷管线出口相距各种设施不小于 50m，放喷阀门距井口 3m 以远。（4）防喷、放喷管线如遇特殊情况需要转弯时，转弯处应使用夹角不小于 90° 的锻造钢制弯头，气井、高含气井应使用锻造高压弯头，不应使用活动弯头或焊接弯头连接。（5）若放喷管线接在四通套管阀门上，放喷管线一侧紧靠套管四通的阀门应处于常开状态，并采取防堵、防冻措施，保证其畅通。

33. 井下作业队施工前应做好哪些井控准备工作？

（1）对在地质、工程和施工设计中提出的有关井控方面的要求和技术措施，要向全队职工进行交底，明确作业班组各岗位分工，并按设计要求准备相应的井控装备及工具。（2）对施工现场已安装的井控装备，在施工作业前必须进行检查、试压合格，使之处于完好状态。（3）施工现场使用的放喷管线、节流及压井管汇必须符合使用规定，并安装、固定、试压合格。（4）施工现场应备足满足设计要求的压井液或钻井液加重材料及处理剂。（5）钻台上（或井口边）应备有能连接井内管柱的旋塞或简易防喷装置作为备用内、外防喷工具。（6）建立开工前井控验收制度，对于高危地区（居民区、市区、工厂、学校、人口稠密区、加油站、江河湖泊等）、气井、高温高压井、含有毒有害气体井、射孔（补孔）井及压裂酸化井等，开工前必须经双方有关部门验收，达到井控要求后方可施工。

34. 井下作业中搬迁操作的主要风险有哪些？

（1）物体打击。①吊装过程中，人员站在吊车悬臂范围内。②吊装物没有捆绑牢固，工具滑落。③人员未离开就起吊。（2）高空坠落。①人员上值班房挂绳套时未站稳。②起吊后吊装物上站人。（3）交通事故。①司机不听从指挥，违章操作。②险路、险桥、冰雪路面、松软地面操作不当。③吊装物超高、超长、超宽。④通井机上下拖车时操作失误或地面松软侧翻。（4）触电伤害。吊车悬臂范围内有高压线，安全距离不够。

35. 井下作业中用电操作的主要风险有哪些？

（1）触电伤害。①未穿戴好绝缘用品。②试电笔或抽油机配电箱漏电。③违章接拆电线。④电缆线绝缘层老化、破损。⑤电线架不合标准。（2）火灾。①电线短路。②电缆线绝缘层破损。

36. 井下作业中操作液压钳的主要风险是什么？

（1）物体打击。①吊绳、尾绳断脱，绳卡紧固不牢。②液压钳固定装置固定不牢。（2）机械伤害。①更换钳牙或检修时，未切断动力源。②操作人员袖口未扣好，站立不稳。③液压管线堵塞、破损，造成管线破裂伤人。④操作配合不当。⑤防护门损坏。

37. 井下作业中摘挂驴头操作的主要风险有哪些？

（1）机械伤害。①抽油机刹车未刹死，平衡块转动。②用手或管钳盘转皮带。（2）物体打击。①上驴头时所携带的工具未系保险绳掉落伤人。②卸负荷时手抓光杆挤手。③向地面抛掷工具伤人。（3）高空坠落。①上驴头操作者未系好安全带。②上抽油机时手抓不牢，脚踏不稳。（4）触电伤害。启停抽油机前未检查配电箱是否漏电。

38. 井下作业中穿大绳操作的主要风险有哪些？

（1）物体打击。①上井架携带的棕绳没有系牢固，脱落。②棕绳与大绳没有系牢固，造成大绳脱落。③工具未系保险绳掉落或向下抛掷工具。（2）机械伤害。①大绳引进天车滑轮时，操作不当，大绳绞手。②手拉大绳靠游动滑车太近，大绳绞手。③衣袖未扣好绞入轮槽内。（3）高空坠落。①上井架时手抓不牢，脚踏不稳。②未使用防坠落装置，未系安全带。

39. 井下作业中接拆管线操作的主要风险有哪些？

（1）物体打击。①用大锤砸紧和卸松活接头时，大锤脱手或断裂。②抬管线地面湿滑摔倒。（2）烫伤。水泥车放压不彻底，卸松活接头时热水喷出。（3）车辆伤害。不听指挥，管线未拆动车，停车后未拉手刹车。

40. 井下作业中拆装拉力表操作的主要风险有哪些？

物体打击：（1）大钩放到地面后，下拉拉力表用力过猛时，拉力表砸人。（2）安装好后上提大钩，人员扶绳套和拉力表时挤手。

41. 井下作业中作业机操作的主要风险有哪些？

（1）机械伤害。作业机滚筒在转动情况下，对各部位检查时容易发生机械伤害。（2）物体打击。①上提和下放游动滑车试车时，天车或游动滑车配件脱落。②制动系统失灵，游动滑车砸井口或砸伤人。③停止起下作业时，未打死滚筒刹车。④起放井架过程中井架塌落。⑤井架主要受力部件连接不可靠，负荷解卡时井架倾倒。⑥滚筒大绳异常断裂、活绳头或死绳头脱出。⑦防碰刹车失灵，顶天车掉大钩。

42. 井下作业中抽油杆倒扣操作的主要风险有哪些？

（1）物体打击。①倒扣过程中，背钳或液压钳尾绳断。

②倒扣成功后，突然卸载，管柱上弹，容易刮碰井架和抽油机，或倒扣器牙体飞出。(2) 倒井架。上提杆柱超负荷。

43. 井下作业中试提、拔负荷的主要风险有哪些？

(1) 机械伤害。指挥者离作业机滚筒太近。(2) 物体打击。大绳断裂，吊卡、接箍崩飞。(3) 倒井架。超负荷上提。

44. 井下作业中冲砂操作的主要风险有哪些？

(1) 管柱卡阻。单根油管冲砂时间和水量不足，换单根时间长，地层漏失，容易发生冲砂管柱砂卡。(2) 物体打击。①冲砂弯头没有系安全绳，弯头与油管脱扣。②水龙带与冲砂弯头活接头连接不牢，造成脱扣。③上、卸油管时，水龙带与油管一起转动。④探砂面速度过快，造成油管砂堵、吊环弹出、吊卡坠落。(3) 高压伤害。管线爆裂、带压卸管线，卸砂堵（带压）油管时油管崩开。

45. 起下作业中拉送油管操作的主要风险有哪些？

物体打击：(1) 将油管抬放在桥枕上时挤手。(2) 油管滑道小车摆放不正掉落。(3) 拉管人员与井口操作人员交接油管时脱手。(4) 拉送油管通道有障碍物。(5) 拉送油管不到位挂砸井口。(6) 骑跨油管，在管桥上走动。

46. 井下作业中起下油管操作的主要风险有哪些？

(1) 机械伤害。①操台板不牢固、不防滑，滑倒后手插进液压钳。②操作液压钳时袖口未系紧，被绞入钳内。(2) 物体打击。①吊卡、吊环损坏或者大绳断，上提油管容易发生物体打击。②天车或游动滑车配件脱落。③背钳绳或液压钳尾绳突然断。④操作不平稳，挂单吊环、刮碰井口、井架和抽油机。⑤井口操作台不牢固、湿滑或有障碍物摔倒。⑥吊卡销、手柄松动掉落。⑦下油管时上偏扣或上扣不到位，油管坠落。⑧起下管柱速度过快，突然遇卡。

47. 井下作业中刺洗杆管操作的主要风险有哪些？

高温烫伤：（1）蒸汽管线接头连接不牢固或有破损。（2）蒸汽管线打折，造成憋压，将管线憋爆。（3）管线对着人，指挥不当，突然打开蒸汽阀门。（4）扶杆和管线头捆绑不牢固，蒸汽管线甩起。（5）操作者正对油管，遇到堵管，蒸汽回流。

48. 井下作业中开关井口防喷器操作的主要风险有哪些？

（1）压力伤人。未泄压开防喷器。（2）物体打击。①开关防喷器时，磕碰井口其他配件伤手。②操作台不平稳不牢固，用力过大，滑倒。

49. 井下作业中摘挂游动滑车操作的主要风险有哪些？

（1）物体打击。①提放滑车时刮碰井口流程。②上井架工具没有握牢或没有系保险绳而脱落。（2）挤压伤害。手扶滑车位置或人员站立位置不正确，滑车摆动。（3）高空坠落。①上井架手抓不牢，脚踏不稳。②没系或没系牢安全带。

50. 井下作业中在井口抬放油管吊卡的主要风险有哪些？

砸伤：（1）井口操作配合不默契，抬放不一致，吊卡掉落。（2）月牙忘记关闭，吊卡掉落。（3）井口操作台不平稳不牢固，手抓不稳吊卡，吊卡掉落。

51. 井下作业中装卸液压钳操作的主要风险有哪些？

（1）物体打击。①吊液压钳绳索不牢固或损坏，液压钳脱落。②上井架液压钳吊绳没有携带牢固，造成吊绳脱落。③液压钳吊绳固定端没有锁紧，液压钳脱落。（2）高空坠落。①上井架手抓不牢，脚踏不稳。②没系或没系牢安全带。

52. 井下作业中验窜操作的主要风险有哪些？

（1）物体打击。①连接管线时，手扶不稳，管线落地。②砸紧管线时，大锤握不牢或大锤断裂。③压力过高将管柱顶起。④下放速度过快遇阻。（2）压力伤人。管线刺漏、爆裂，未泄压拆管线。

53. 井下作业中使用液压钳上卸扣的主要风险有哪些？

（1）机械伤害。①操作液压钳时，井口操作台不平稳不牢固，滑倒，手插入液压钳。②换钳牙或维修时没有关闭液压泵。（2）物体打击。①液压钳尾绳断脱，液压钳整体旋转，或尾绳甩出，或备钳绳断。②液压钳未卡紧、吊绳断，钳体滑落。

54. 井下作业中提放油管头操作的主要风险有哪些？

（1）倒井架。提油管头时负荷突然增大，导致绷绳断或地锚桩拔出。（2）物体打击。①提油管头时负荷突然增大，导致大绳断，或提升短节没有上紧脱扣，管柱下落，井口配件砸坏并飞出。②提油管头时，游动滑车、吊卡配件脱落，容易发生物体打击。③开顶丝时未侧身。（3）压力伤人。①套管阀门失灵，井内压力没有放掉，高压油气喷出。②未泄压开顶丝。

55. 井下作业中试抽、憋泵操作的主要风险有哪些？

（1）机械伤害。①启动抽油机时人员站在平衡块附近。②用手盘皮带。（2）物体打击。①开阀门未侧身，阀门丝杠飞出。②光杆方卡子打不牢脱落。（3）压力伤人。①憋泵压力过高，造成压力表憋漏。②未泄压拆压力表。

56. 井下作业中在地面抬油管、抽油杆的主要风险有哪些？

物体打击：（1）两人抬排油管、杆，配合不默契。（2）行走路线观察不好，摔倒油管脱落。（3）没有用手直接抬油管，用其他工具当杠杆。

57. 柴油锅炉的主要安全部件有哪些？

柴油锅炉的主要安全部件有安全阀、压力表、水位计、电感压力传感器、烟温传感器、火焰识别传感器、低水位保护传感器、超低水位保护传感器及自动控制配电系统。

58. 连续油管施工过程中发生井喷，应如何处理？

立即停止作业机运行，关闭防喷器悬挂闸板，关闭防喷器半封闸板，待请示领导后，关闭防喷器剪切闸板，上提连续油管 30cm，关闭防喷器全封闸板，停止作业施工，等待下一步处理措施。

第三部分 基本技能

一、操作技能

1. 使用活动扳手上、卸螺栓（母）操作。

准备工作：

（1）正确穿戴劳动保护用品。

（2）工（用）具、材料准备：300mm×36mm 活动扳手 2 把，M30 螺栓（母）2 套。

操作程序：

（1）将活动扳手拿到手里，用手四指及掌心握住扳手手柄，用拇指转动蜗杆，调整扳手开口宽度，以扳手卡住螺母，松紧适当为宜。

（2）拧紧时，右手握紧扳手手柄向内拉动，用力适当，使扳手顺时针转动上扣。

（3）卸松时，左手向内拉动，用力适当，使扳手逆时针转动卸扣。

操作安全提示：

（1）根据螺杆、螺母的大小选择活动扳手。

（2）活动扳手必须按正确的使用方法使用，拉力方向要与扳手成直角，严禁螺栓（母）锈死时用扳手硬扳或锤击扳手。生锈可加油除锈，然后再扳。

（3）活动扳手不能当手锤使用；高空作业时活动扳手必须拴牢安全绳。

（4）操作时旋合螺母松紧要适当，太紧操作不灵活、太松容易拧滑螺母外方。

（5）用后将活动扳手清洗干净，涂抹黄油后放入工具箱内，不要放在潮湿或有酸碱的地方。

2. 安装井口装置操作。

准备工作：

（1）正确穿戴劳动保护用品。

（2）设备准备：提升设备 1 套，井口装置 1 套。

（3）工（用）具、材料准备：1200mm 管钳 2 把，大锤 1 把，350mm×41mm 活动扳手 2 把，M46 固定扳手 2 把，ϕ16mm×4m 钢丝绳套 1 根，密封带 1 卷，黄油或润滑脂少量。

操作程序：

（1）首先检查井口装置各部件是否齐全、完好，阀门开关是否灵活好用。

（2）用井口固定扳手从套管短节法兰处卸开。

（3）取下钢圈槽内的钢圈。

（4）卸去套管短节的护丝，将套管短节螺纹和套管接箍螺纹刷干净，检查螺纹是否完好。

（5）将密封带缠绕在套管短节螺纹上。

（6）将套管短节外螺纹对在井口套管接箍上逆时针转 1 ～ 2 圈对扣。

（7）对好扣后，将套管短节上紧。

（8）将钢圈槽内抹足黄油，然后把钢圈放入槽内。

（9）用钢丝绳缓慢吊起采油树本体和大四通。

（10）将采油树本体和大四通坐在套管短节法兰上。

（11）转动采油树，使钢圈进入钢圈槽内，转动调整采油树方向，对角上紧 4 个法兰螺栓，摘掉绳套。

（12）将剩余的法兰螺栓对角上紧。

操作安全提示：

（1）井口装置安装一定要按操作顺序进行，大四通上、下法兰缝间隙要一致，螺栓上紧后上部统一留半扣，井口装置安装后手轮方向应一致、平直、美观。

（2）钢圈上只能用钙基、锂基、复合钙基等黄油，绝不允许用钠基黄油。

（3）安装过程中要专人指挥，相互配合，确保安全操作。

3. 测量、计算油补距和套补距操作。

准备工作：

（1）正确穿戴劳动保护用品。

（2）工具、材料准备：1000mm 钢板尺 1 把，记录笔 1 支，记录纸 1 张，计算器 1 个。

操作程序：

（1）从施工设计书中查出联入数据，并记为 L。

（2）装好井口装置。

（3）用钢板尺测量井口最上一根套管接箍上平面到套管短节法兰上平面之间的距离，记为 L_1。

（4）用钢板尺测量套管短节法兰上平面与套管四通法兰上平面之间的距离，记为 L_2。

（5）计算油、套补距：将 L_1 和 L_2 数据代入公式即可求出油补距、套补距。

$$油补距=L-(L_1+L_2)$$

$$套补距=L-L_1$$

操作安全提示：

（1）查找到的联入数据要准确。

（2）测量套管接箍与套管短节法兰之间的距离时，尺子要垂直，测量误差为 ±5mm。

4. 校正井架操作。

准备工作：

（1）正确穿戴劳动保护用品。

（2）设备准备：提升设备及井架 1 套（型号根据实际情况准备）。

（3）工（用）具、材料准备：250mm×30mm 活动扳手 2 把，撬杠 2 根，油管吊卡 2 只，吊环 2 只，ϕ73mm 或 ϕ89mm 油管 1 根。

操作程序：

施工过程中井架出现较小的位置偏移，可按照下面步骤进行校正。

（1）用作业机将油管上提至油管下端距井口 10cm 左右，观察油管是否正对井口中心。

（2）如油管下端向井口正前方偏离，校正方法是先松井架前两道绷绳，紧后 4 道绷绳，使之对正井口中心。

（3）如油管下端向井口正后方偏离，校正方法是先松后 4 道绷绳，紧井架前两道绷绳，使之对正井口中心。

（4）若油管下端向正左方偏离井口，校正方法是先松井架左侧前、后绷绳，紧井架右侧前、后绷绳，直到对正为止。

（5）若油管下端向正右方偏离井口，校正方法是先松井口右侧前、后绷绳，紧左侧前、后绷绳，直到对正。

（6）若井架向斜侧方偏离，可按照下面方法进行井架的校正：

① 若油管下端向左前方偏离井口，校正方法是先松左前绷绳，紧右后绷绳，直到对正。

② 若油管下端向右前方偏离井口，校正方法是先松右前绷绳，紧左后绷绳，直到对正。

③ 若油管下端向左后方偏离井口，校正方法是先松左后绷绳，紧右前绷绳，直到对正。

④ 若油管下端向右后方偏离井口，校正方法是先松右后绷绳，紧左前绷绳，直到对正。

操作安全提示：

（1）校正井架后，每条绷绳吃力要均匀。

（2）校正井架一定要做到绷绳先松后紧。

（3）如花篮螺栓紧到头绷绳还松，应先将花篮螺栓松到头，松开绷绳卡子，拉紧绷绳后，再紧花篮螺栓（5级风以上天气不能做此项工作，不能同时松开两道以上的绷绳）。

（4）花篮螺栓要灵活好用，要经常涂抹黄油防止生锈。

（5）只有在井架底座基础及井架安装合理的情况下，作业施工队可对井架天车未对准井口进行微调，因井架安装不合格而对井架的校正应由井架安装队进行。

（6）井架校正后，花篮螺栓余扣不少于10扣，以便于随时调整。

（7）若因井架底座基础不平而导致井架偏斜严重，应由安装单位校正。

5. 接洗压井管线操作。

准备工作：

（1）正确穿戴劳动保护用品。

（2）设备准备：水泥车1台，水罐车1台。

（3）工（用）具、材料准备：钢质管线30m，活动弯头1套，活接头2套，大锤1把，900mm管钳2把，钢丝刷1把，密封脂若干。

操作程序：

（1）洗井管线必须用钢制管线连接，进口装好单流阀，管线长度应大于20m。

（2）检查管线是否畅通、螺纹是否完好，检查活动弯头、活接头是否完好灵活，检查大锤手柄是否牢固可靠。

（3）确定管线走向、布局合理。将管线一字摆开，首尾相接，接箍端朝井口。将活接头卡在油（套）管阀门上，与进口管线连接起来。并用大锤将活接头从井口向水泥车方向砸紧，保证已砸紧的活接头不卸扣（水泥车上一般为带套活接头）。

（4）出口进干线或和回收罐相连，出口管线不准有90°的急弯，并要求固定牢靠。

（5）用油管支架将管线悬空部分固定架好。

操作安全提示：

（1）砸管线时注意观察周围人员，避免造成伤害。

（2）严禁进口、出口管线在同一方位，必须在井口的两侧。

6. 安装井口防喷器操作。

准备工作：

（1）正确穿戴劳动保护用品。

（2）设备准备：提升设备1套。

（3）工（用）具、材料准备：375mm×46mm活动扳手2把，M46固定扳手2把，900mm管钳2把，大锤1把，钢丝刷 1 把，SFZ18-21 防喷器 1 套，连接螺栓 12 条，大钢圈 1 个，5m 绳套 1 根，黄油、棉纱少许。

操作程序：

（1）选择、检查防喷器，确保各部件完好、齐全。

（2）观察井口压力，井口放压至 0MPa，拆井口。

（3）检查四通和防喷器钢圈槽及钢圈是否完好并清理干净，涂抹黄油，将钢圈放入钢圈槽内。

（4）将钢丝绳套与防喷器提环卡好，平稳吊起，放在井口四通上，将防喷器坐正，确认钢圈入槽、上下螺孔对正，方向符合要求。

（5）连接螺栓，先对角上紧，再上紧全部螺栓。

（6）将试压短节连在油管悬挂器上。

（7）将防喷器内灌满清水，关闭防喷器闸板。

（8）连接管线，用清水试压 21MPa，时间不少于 10min。

（9）确定合格后，放压。

操作安全提示：

（1）吊装防喷器时要平稳，防止刮碰井口流程。

（2）开、关防喷器时两端圈数要一致。

（3）确认无余压后再操作。

7. 画管柱结构示意图。

准备工作：

工（用）具、材料准备：20 ～ 30cm 直尺 1 把，A4 白纸若干，铅笔 1 支。

操作程序：

（1）在 A4 白纸上部居中位置写上名称：“×× 井 ×× 施工下井管柱结构示意图”。

（2）在下井管柱的名称下面适当位置，居中画一长50～60mm的细实横线。在横线中央垂直画一条点画线（代表井筒轴线）。

（3）在竖线两侧对称画四条垂线，内侧两条垂线比外侧两条垂线要短10mm。内侧两条线代表套管，间距一般为14mm。外侧两条垂线代表井壁，间距一般为18mm。

（4）在内侧两垂线的下端点分别画上一小三角符号，代表套管下入深度。再用横线连接外侧两垂线的端点代表钻井井深。

（5）在代表套管的两条线距下端点三角符号10mm处，用横线连接，代表人工井底。

（6）沿代表井壁左侧的垂线分别画出各射孔层位，各层位置和层间距比例适当。每个层位用两平行横线所夹面积表示，两条平行线分别表示油层顶界和底界，标好层段数据。

（7）在靠表示井身图形的上部适当位置，画上断裂线。并在表示井壁和套管的垂线之间对称画上连线表示水泥返高。

（8）在表示井壁的右侧垂线上与表示水泥返高、目前人工井底、套管深度、井身等平齐的位置引出标注线，并标注名称及深度。

（9）沿轴线两侧，间距各5～6mm向下画两条垂线，长度适当，代表下井管柱，其下端点位置为设计完成管柱位置。

（10）选择特征符号，按一定比例，在代表下井管柱的两条垂线上适当位置，画出设计管柱的下井工具。

（11）在表示井壁的右侧垂线上与表示下井工具符号

顶界平齐的位置各引出一横线，并在其上标注下井工具名称。

（12）按设计管柱要求，依据油管记录数据和测量得到的下井工具数据，计算管柱中各下井工具之间的油管根数及工具完成深度，并标注在下井管柱结构图上。

操作安全提示：

（1）画下井管柱结构示意图时要保证图纸清洁，各部分比例适当。

（2）图纸中下井工具的特征符号要正确。

（3）图纸中各下井工具次序、位置要准确。

8. 液压钳操作。

准备工作：

（1）正确穿戴劳动保护用品。

（2）设备准备：提升设备 1 套。

（3）工（用）具、材料准备：吊环 1 副，吊卡 2 只，液压油管钳及配套的吊绳、尾绳 1 套，ϕ73mm 或 ϕ89mm 油管 30 根。

操作程序：

（1）卸扣。

① 使用前对吊绳、尾绳、管线连接等各要害部件进行检查，并试运行。

② 油管卸扣时将液压钳上的上卸扣旋钮向左旋，使其箭头端指向卸扣方向。

③ 将变速挡手柄扳到低速挡位置，再将钳体开口拉向井口油管，油管进入开口腔内。

④ 操作人员一只手稳住钳头，另一只手轻拉操作杆使背钳初步卡紧接箍，再将操作杆拉到最大位置，开始卸扣。

扣卸松 2 ～ 3 圈后操作杆回中位，再挂高速挡卸扣。

⑤ 卸扣过程中操作人手一定要始终握住操作杆，不能让操作杆向中间位置回动，当手感觉到轻微跳扣振动时，证明卸扣完毕。

⑥ 及时挂低速挡再将操纵杆推到相反最大位置，使开口齿轮正转，当开口齿轮、壳体缺口复位时，立即撤手，使操作杆回到中位。用手推钳尾部的侧面把手，将钳体开口从油管本体退出。

（2）上扣。

① 使用前对吊绳、尾绳、管线连接等各要害部件进行检查，并试运行。

② 油管上扣时将液压钳上的上卸扣旋钮向右旋，使其箭头端指向上扣方向。

③ 将变速挡手柄扳到低速挡位置，再将钳体开口拉向井口油管，油管进入开口腔内。

④ 操作人员一只手稳住钳头，另一只手轻拉操作杆使背钳初步卡紧接箍，再将操作杆推到最大位置，开始上扣。上扣 2 ～ 3 圈后操作杆回中位，再挂高速挡上扣。

⑤ 上扣过程中操作人手一定要始终握住操作杆，不能让操作杆向中间位置回动。

⑥ 上紧扣后，挂低速挡再将操纵杆拉到相反最大位置，使开口齿轮反转，当开口齿轮、壳体缺口复位，立即撤手，使操作杆回到中位。用手推钳尾部的侧面把手，将钳体开口从油管本体退出。

操作安全提示：

（1）操作液压钳时尾绳两侧不准站人，严禁两个人同时操作液压钳。

（2）操作时不得过快、过猛、以免发生伤人事故。

（3）更换钳牙或维修时，必须切断液压动力。

（4）液压钳复位时必须用低速挡。

9. 反循环压井操作。

准备工作：

（1）正确穿戴劳动保护用品。

（2）设备准备：水泥车 1 台。

（3）工（用）具、材料准备：大于 2 倍井筒容积的储液方罐 1 个，针形阀 1 个，单流阀 1 个，1000mm 钢板尺 1 把，密度计、黏度计、失水仪各 1 套。

操作程序：

（1）对称顶紧大四通顶丝。

（2）接好油管、套管放气管线；进口装单流阀；油管用油嘴控制，套管用针形阀控制，放净油管、套管内的气体。

（3）连接水泥车与进口管线，倒好采油树阀门。对进口管线用清水试压，试压压力为设计工作压力的 1.5 ～ 2.0 倍，5min 不刺不漏为合格。

（4）倒好反洗井流程，用清水反循环洗井脱气。洗井过程中使用针形阀控制进口、出口排量平衡，清水用量为井筒容积的 1.5 ～ 2.0 倍。

（5）用压井液反循环压井。若遇高压气井，在压井过程中使用针形阀控制进口、出口排量平衡，以防止压井液在井筒内发生气侵使压井液密度下降而造成压井失败；压井液用量为井筒容积的 1.5 倍以上；一般要求在压井结束前测量压井液密度，进出口压井液密度差小于 2% 时停泵。

（6）观察 30min，进口、出口均无溢流，压力平衡后，完成反循环压井操作。

操作安全提示：

（1）施工出口管线必须用硬管线连接，不能有小于90°的急弯，在井口附近装好针形阀，并且每10～15m固定一地锚。

（2）施工进口管线必须在井口处装好单流阀（在高压油气井压井时，使用高压单流阀），防止天然气倒流至水泥车造成火灾事故。

（3）压井施工前，必须检查压井液性能，不符合设计要求的压井液不能使用。

（4）压井前，要先用2.0倍井筒容积的清水进行脱气。

（5）压井施工时，要连续施工，中途不得停泵，以防止压井液被气侵。

（6）重复压井时，要先将井筒内的压井液放干净，再进行压井作业。

（7）地面罐必须放置在距井口30～50m以外，水泥车排气管要装防火帽。

（8）在高压油气井进行压井施工时，要做好防火、防爆、防中毒、防井喷、防污染工作。

10. 一次替喷操作。

准备工作：

（1）正确穿戴劳动保护用品。

（2）设备准备：水泥车1台，提升设备1套。

（3）工（用）具、材料准备：大于2倍井筒容积的储液方罐1个，针形阀1个，单流阀1个，1000mm钢板尺1把，清水（依计算确定）。

操作程序：

（1）按施工设计要求，准备足够的清水。

（2）下入替喷管柱。替喷管柱深度要下至人工井底以上 1 ～ 2m，下至距人工井底 100m 时，开始控制管柱的下放速度。

（3）连接泵车管线，从油管正打入清水，启动压力不得超过油层吸水压力，排量不低于 $0.5m^3/min$，大排量将设计规定的清水全部替入井筒，替喷过程要连续不停泵。

（4）替喷后，进口、出口替喷工作液密度差应小于 $0.02g/cm^3$。

（5）上提管柱至设计完井深。

操作安全提示：

（1）必须连接硬管线，且固定牢靠。

（2）进口管线要安装单流阀，并试压合格。

（3）替喷作业前要先放压，并采用正替喷方式。

（4）替喷过程中做好防喷工作。

（5）要准确计量进口、出口液量。

（6）替喷所用清水不少于井筒容积的 1.5 倍。

（7）施工要连续进行，中途不得停泵。

（8）防止将压井液挤入地层，污染地层。

（9）制定好防井喷、防火灾、防中毒的措施。

（10）替喷用液必须清洁，计量池、罐应干净、无泥砂等脏物。

11. 通井操作。

准备工作：

（1）正确穿戴劳动保护用品。

（2）设备准备：水泥车 1 台，提升设备 1 套。

（3）工（用）具、材料准备：液压油管钳 1 台，吊卡 2 只，通井规（小于套管内径 6 ～ 8mm）1 个，井筒容积 2 倍的清水，累计长度大于井深 100m 的油管，密封脂 1 桶。

操作程序：

（1）通井规测量好尺寸后，接在下井第一根油管底部。

（2）将通井规下入井内，下油管 5 根后，装自封封井器。下管速度控制在 10 ～ 20m/min，在人工井底以上 100m 左右时，减慢速度，同时观察拉力计。

（3）如通井遇阻，计算深度并上报有关部门。如探到人工井底，则连探三次，计算出人工井底深度。

（4）起出通井规，检查有无变形，采取相应处理措施。

操作安全提示：

（1）通井时，要随时检查井架、绷绳、地锚等。

（2）下通井管柱时，管柱按标准扭矩上紧、上平。

（3）下入井内管柱应清洗干净，螺纹涂密封脂。

（4）管柱丈量、计算应准确。

（5）遇阻探人工井底，加压不得超过 30kN。

（6）通井遇阻时，不得猛顿，起出通井规再检查，找出原因，待采取措施后，再进行通井。

12. 刮削套管操作。

准备工作：

（1）正确穿戴劳动保护用品。

（2）设备准备：水泥车 1 台，提升设备 1 套。

（3）工（用）具、材料准备：液压油管钳 1 台，吊卡 2 只，套管刮削器（大于套管内径 2 ～ 5mm）1 个，水龙带（25 ～ 40MPa 或 15 ～ 25m）1 条，井筒容积 2 倍的清水，累计长度大于井深 100m 的油管，密封脂 1 桶。

操作程序：

（1）按套管内径选择合适的套管刮削器。

（2）将套管刮削器连接在管柱底部，条件许可时，刮削器下端可多接尾管增加入井时重量，以便压缩收拢刀片、刀板。

（3）下油管 5 根后井口装好自封封井器。

（4）下管柱时要平稳操作，接近刮削井段开泵循环正常后，边缓慢顺螺纹紧扣方向旋转管柱边缓慢下放，上提管柱反复刮削，悬重正常为止。

（5）若中途遇阻，当悬重下降 20 ～ 30kN 时，应停止下管柱。边洗井边旋转管柱反复刮削至悬重正常，再继续下管柱，一般刮管至射孔井段以下 10m。

（6）刮削完毕要大排量反循环，将刮削下来的脏物洗出地面。

（7）洗井结束后，起出井内刮削管柱，结束刮削操作。

操作安全提示：

（1）应选择适合的套管刮削器。

（2）套管刮削器下井前应认真检查。

（3）刮削管柱下放要平稳。

（4）刮削射孔井段时要有专人指挥。

（5）当刮削管柱遇阻时，应逐渐加压，开始加 10 ～ 20kN，最大加压不得超过 30kN，并缓慢上下活动管柱，不得猛提猛放，也不得超负荷上提。

13. 套管刮蜡操作。

准备工作：

（1）正确穿戴劳动保护用品。

（2）设备准备：水泥车 1 台，提升设备 1 套。

（3）工（用）具、材料准备：液压油管钳 1 台，吊卡 2 只，套管刮蜡器 1 个，井筒容积 2 倍的水温不低于 70℃的热水，累计长度大于井深 100m 的油管，密封脂 1 桶。

操作程序：

（1）准备井史资料，查清结蜡井段、目前技术状况；根据施工设计或井况组配刮蜡管柱。

（2）按设计选用标准的刮蜡器，其直径要比套管内径小 6 ～ 8mm。

（3）把刮蜡器接在下井第一根油管底部，上紧扣后下入井内，下油管 5 根后装好自封封井器，继续下入至设计深度。

（4）刮蜡深度一般为下至射孔底界 10m，特殊情况按设计要求执行。

（5）下刮蜡管柱，一般采用边循环边下管柱施工的方法。

（6）如管柱遇阻，上提管柱 3 ～ 5m，反打入热水循环，循环一周后停泵。再反复活动下入管柱，下入 10m 左右后上提 2 ～ 3m，反打入热水循环，循环一周后停泵。如此反复活动下入管柱，每下入 10m 左右打热水循环一次，直至下到设计刮蜡深度或人工井底。

（7）刮蜡至设计深度后，用井筒容积 1.5 ～ 2 倍、水温不低于 70℃的热水或溶蜡剂循环洗井，彻底清除井壁结蜡。

（8）起出刮蜡管柱。

操作安全提示：

（1）如果遇阻，可适当缩小刮蜡器外径（每次 2mm）。

（2）对结蜡不严重或投产不久的新井，可用带侧孔的刮蜡器，结蜡严重的下入不带侧孔的刮蜡器。

（3）刮蜡管柱下放要平稳，刮蜡至结蜡井段要有专人指挥。

14. 常规冲砂操作。

准备工作：

（1）正确穿戴劳动保护用品。

（2）设备准备：水泥车1台，提升设备1套。

（3）工（用）具、材料准备：液压油管钳1台，吊卡2只，ϕ73mm冲砂笔尖1个，活动弯头1个，水龙带（25～40MPa或15～25m）1条，大于2倍井筒容积的储液方罐1个，井筒容积1.5～2倍的清水，累计长度大于井深100m的油管，3m棕绳1根，密封脂1桶。

操作程序：

（1）冲砂笔尖接在下井第一根油管底部，将单流阀连接在该油管上部。

（2）下油管5根后，装自封封井器。

（3）下油管探砂面，核实深度，上提2m，做冲砂准备。

（4）将冲砂弯头、水龙带、冲砂单根连接好后，与井内最上一根油管连接。

（5）接好管线循环洗井，返出正常后缓慢下油管，同时用水泥车向井内泵入清水。如有进尺则以0.5m/min的速度缓慢均匀加深管柱。

（6）当一根油管冲完后，为了防止接单根时砂子下沉造成卡管柱，要循环洗井15min以上，同时把活接头用管钳装在欲下井的油管单根上。水泥车停泵后，接好单根，开泵继续循环加深冲砂。

（7）按上述要求重复接单根冲砂，每连续加深5根油管后，必须循环洗井1周以上再继续冲砂，直至冲到设计冲砂深度。

（8）冲砂至设计要求深度后，要充分循环洗井，当出口含砂量小于 0.2% 时，起冲砂管柱，结束冲砂作业。

操作安全提示：

（1）严禁使用普通弯头替代冲砂弯头。

（2）冲砂弯头及水龙带用安全绳系在大钩上，防止落物而发生意外。

（3）冲至砂面时加压不大于 10kN。

（4）禁止使用带封隔器、通井规等大直径的管柱冲砂。

（5）冲砂施工必须在压住井的情况下进行。

（6）冲砂过程中要缓慢均匀地下放管柱，以免造成砂堵或憋泵。

（7）冲砂施工需有沉砂池，进口罐、出口罐分开，防止将冲出的砂又循环带入井内。

（8）要有专人观察冲砂出口返液情况。若发现出口不能正常返液，应立即停止冲砂施工，迅速上提管柱至原砂面以上 30m，并活动管柱。

（9）在进行混气水或泡沫冲砂施工时，井口应装高压封井器，出口必须接硬管线并用地锚固定牢。

（10）冲砂施工中途若作业机出故障，必须进行彻底循环洗井。若水泥车或压风机出现故障，应迅速上提管柱至原砂面以上 30m，并活动管柱。

（11）因管柱下放快造成憋泵，应立即上提管柱，待泵压和出口排量正常以后，方可继续加深管柱冲砂。

（12）对冲砂地面罐和管线的要求同“9. 反循环压井操作”，尤其是气井特别是要注意防火、防爆、防中毒，避免事故发生。

15. 安装采气井压井管汇和节流管汇操作。

准备工作：

（1）正确穿戴劳动保护用品，配合操作人员 6 名。

（2）设备准备：吊车 1 台。

（3）工（用）具、材料准备：铜扳手 6 把，铜大锤 1 把，60MPa 压力表 2 块，36in 管钳 2 把，$2\frac{7}{8}$in 短节 2 个，35MPa 五通 2 个，平板阀 2 个，$2\frac{9}{16}$in 内控管线 4 个，70MPa 锻件三通 2 个，70MPa 炮弹闸门 2 个，3in×1502 旋塞阀 2 个，消音器 2 个，压井管汇和节流管汇各 1 套，$3\frac{1}{2}$in EUE 油管 12 根，密封胶带若干盒，地锚或水泥基墩螺栓 15 个。

操作程序：

（1）首先由班长检查所有工具、用具是否准备齐全、灵活好用。

（2）连接节流管汇、压井管汇、采气树。

① 用$2\frac{9}{16}$in×35MPa 内控管线和 35MPa 五通连接节流管汇、压井管汇与采气树四通的套管出口阀门。

② 用$2\frac{7}{8}$in 油管短节$2\frac{7}{8}$in 弯管连接 35MPa 五通与采气树的油管阀门。

（3）连接接压井管汇。

① 泵注管汇要距井口 50m 远，泵注管汇与压井管汇用$2\frac{7}{8}$in 油管连接，每隔 10 ～ 15m 用地锚锚定。

② 泵入管汇由 2 个 70MPa 锻件三通、2 个 70MPa 旋塞阀门控制，满足转液不停泵和双泵挤注的要求。

（4）安装放喷管线。

① 节流管汇主放喷出口安装 1 个$3\frac{1}{16}$in 闸板阀，用$3\frac{1}{2}$in EUE6.45 油管接至点火坑，端部连接消音器。

② 节流管汇辅放喷出口安装 1 个3$\frac{1}{16}$ in 闸板阀，用3$\frac{1}{2}$in EUE6.45 油管接至点火坑，端部连接消音器，在消音器与闸板之间再连接 1 个 70MPa 三通、2 个旋塞阀，三通支路接到接液池，三通距点火坑 30m，接液池距辅助放喷出口 20m 以远。

（5）井口套管出口 35MPa 五通安装 1 个3$\frac{1}{2}$ in×35MPa 闸板阀，用2$\frac{7}{8}$ in 油管连接至泵注压井液池，建立循环压井回路。

操作安全提示：

（1）不允许现场焊接井控管汇。

（2）转弯处应使用不小于 90° 的钢质弯头，气井（高气油比井）不允许用活动弯头连接。

（3）放喷管线至少应接 2 条，其通径不小于 62mm。

（4）布局要考虑当地季节风的风向、居民区、道路、油罐区、电力线等情况。如果井口不在上风头可以等风向符合安全要求进行压井施工。

（5）放喷管线出口应接至距井口 50m 以外的安全地带；高压油气井或含硫化氢等有毒有害气体的井，放喷管线应接至距井口 75m 以外的安全地带。

（6）管线每隔 10 ～ 15m 转弯处用地锚或地脚螺栓水泥基墩或预制基墩固定牢靠，压板处油管应加胶皮垫；悬空处要支撑牢固；管线出口处 2m 内宜加密固定；若跨越 10m 以上宽度的河沟、水塘等障碍，应架设金属过桥支撑。

（7）水泥基墩预埋地脚螺栓直径不小于 20mm，埋深不小于 0.5m，压板圆弧应与放喷管线一致。

（8）管线连接处要缠好密封胶带保证不刺不漏，螺栓上全、上紧。

16. 压井管线、防喷管线试压操作。

准备工作：

（1）正确穿戴劳动保护用品。

（2）设备准备：水泥车 1 台，水罐车 1 台。

（3）工（用）具、材料准备：水龙带（25～40MPa）1 条，扳手 1 把，25MPa、60MPa 压力表各 1 块，36in 管钳 2 把。

操作程序：

（1）水密试压：用水龙带连接压井管线和水泥车，进行压井管线和内控管线段、节流管汇、内控管线和防喷管线段的分段试压，压力达到该系统工作压力的 70%，稳压 15min，压力下降不超过 0.3MPa 为合格。

（2）气密试压：分别打开采气树套管阀门和油管阀门，分别对压井管汇和内控管线、采气树油管出口和五通、采气树套管阀门、压井管汇和放喷管汇进行气密试压，保持压力 15min，用肥皂水和多项气体检测仪对各密封连接处进行检测，无气泡、多项气体检测无警报为合格。

17. 采气井压井操作。

准备工作：

（1）正确穿戴劳动保护用品，技术员及操作配合人员 6 人。

（2）工（用）具、材料准备：管钳 2 把，大锤 1 个，泵车 2 台，罐车 4 台，8kg 灭火器 16 个，正压式空气呼吸器 10 套，防毒面具 10 套，多功能监测仪 1 个，单项气体检测仪 1 个，按设计要求准备好压井液、钻井液到现场。

操作程序：

（1）技术员现场检测压井液密度及黏度，确定现场压井液量是否符合设计要求。

（2）关闭压井管汇和节流管汇上的闸板阀，缓慢打开油套阀门，观察记录放喷线井口油管压力、套管压力。

（3）利用火炬的远程点火装置点燃长明火。

（4）使用节流管汇针形阀控制套管放气、出口点火，直至井口套管压力降至5MPa时准备压井。

（5）关闭套管阀门节流阀，打开油管出口一侧阀门，观察记录放喷前油管压力。

（6）再次用节流控制进行油管放喷降压，井口油管压力降至5MPa，准备循环压井。

（7）如果出口压井液含气，则控制节流阀开度为1/3～1/2，建立井口回压，利用压井液气体分离器进行循环压井。

（8）循环压井过程中要测量记录进口、出口压井液密度和黏度变化，进口、出口压井液密度差不大于$0.02g/cm^3$时可停泵。

（9）压井达到压稳状态后开始记录压稳时间。最低压稳时间应满足拆采气树、装防喷器施工时间再附加2h，如果压稳时间不足，要重新压井。

（10）压井液稳定时间达到要求，无溢流，液面稳定，补液无漏失，即可认定压井成功。

（11）开始起原井管柱前，仍需用井筒容积1.5倍的压井液循环两周，之后方可进行下一步作业施工。

（12）压井后如果井口存在残余压力应重新压井，重新确定压井液密度，重新压井重复步骤（4）（5）（6）（7）（8）。

（13）压井过程中，要严格记录压井液返出时间，根据压井液循环一周的时间与泵车排量来确定压井循环井深，依据计算的循环井深确定判断原井管柱是否发生断脱，再进一步确定压井液密度和压井方法。如果发生原井管柱断脱要重新设计压井液密度，重新压井。

操作安全提示：

（1）用节流阀控制点火放喷，防止井口发生燃爆，开启阀门时动作不能过大过猛。

（2）压井过程中，施工人员要远离压井高压管线区，不要在高压管线上走动跨越。

（3）压井施工前司机要检查好泵车，压井过程中，保证泵车连续工作，避免中途停泵。

（4）压井泵压不能超过油层的吸液压力、套管抗内压强度和采气树承压能力三者中最小者。

（5）压井过程中，要注意安全、环保，工业废液应及时回收。

（6）连接水泥车上水管线时，用大锤砸活接头，要砸紧，检查活动情况，保证不漏空气，上水管线插入压井液 1/3 ～ 1/2 深度，防止抽空吸入砂子或吸在池壁后不上水。

（7）压井管线的出口部分要用地锚固定，循环出来的液体进入回收池（罐），注意安全、环保。

（8）压井前，泵车循环正常后，应给井口阀门加压 5MPa，再打开采气树进口阀门，出口用节流阀平衡控制排量，保证进口、出口平衡，或进口排量稍大于出口排量，并注意观察泵压变化。

18. 卸采气树、装防喷器操作。

准备工作：

（1）正确穿戴劳动保护用品，配合人员 4 ～ 6 名，班长佩戴多功能气体检测仪。

（2）设备准备：25t 吊车 1 辆，防喷器检测后，连同试压卡片运至井场，密封垫环和连接螺栓齐全。

（3）工（用）具、材料准备：18in 活动扳手 1 把，8lb 大锤 1 把，锤击扳手 1 把，36in 管钳 2 把，48in 管钳 2 把。ϕ52mm 管钳加长杆 2 根，准备油管和油管规格提升绳套各 2 套，盲接箍 1 个，PSQ114HT 喷砂器 1 个，K344-114 封隔器 1 个（运至井场备用），8kg 干粉灭火器 4 台，32kg 干粉灭火器 2 台，泡沫灭火器 2 台，正压式空气呼吸器 8～12 套，防毒面具 32 套。

操作程序：

（1）检查采气树阀门的开关状态，如果阀门在关闭状态，要分别开启采气树油管阀门和套管阀门把井口残余气体放净。

（2）用吊车吊钩上的钢丝绳套吊住要换掉的采气树，上提吊钩并绷紧钢丝绳。

（3）对角松开采气树法兰螺栓，用吊车吊采气树转位后放到井场适当位置，更换采气树四通密封垫环。

（4）确认防喷器安装标识处于向上的方向，吊车对角平稳吊起防喷器，调整防喷器坐向，让两侧丝杠平面与载车中轴线垂直，对角上紧连接螺栓。

（5）把提升短节接到油管悬挂器内螺纹上，旋开退出油管悬挂器顶丝到位，检查核实顶丝到位情况后，由班长指挥操车司机选用一挡车缓慢上提，观察拉力表和派专人观察井架绷绳地锚变化。

（6）倒出油管悬挂器后，继续起出两根油管。在原井管柱上连接盲接箍，再下入 K344-114 封隔器和 PSQNP-114 喷砂器各 1 个、油管 1 根，吊卡坐稳井口后关闭防喷器半封闸板。

（7）井口加油压检查防喷器连接情况，加压至防喷器额定工作压力的70%，稳压15min压降小于0.5MPa为合格。

操作安全提示：

（1）防喷器必须在井控车间进行试压，合格后方可使用。

（2）更换采油树施工时，采气树运输前要在井控车间试压，试压合格方可重新使用。

19. 液压防喷器控制装置现场调试操作。

准备工作：

（1）正确穿戴劳动保护用品。

（2）设备准备：液压防喷器控制装置1台，螺杆压风机组1台，液压油加注油泵1台。

（3）工（用）具、材料准备：氮气压力检测工具1套，远程供气管线1根，液压油6桶（180L），棉纱1kg。

操作程序：

（1）确认远程控制台蓄能器充氮气压力为7MPa±0.7MPa，气源压力为0.65～0.8MPa。

（2）油箱注规定的航空液压油，油面要合适，即液位升至油标的上限。

（3）检查曲轴箱、链条箱游标高度。

（4）合上电源总开关。

（5）开启蓄能器进出油截止阀。

（6）确认旁通阀手柄处于开位、换向阀手柄处于中位。

（7）确认蓄能器压力显示19～21MPa，环形防喷器、液压闸板防喷器压力表显示10.5MPa，压力控制器上限位于21MPa，下限位于19MPa。

（8）确认油箱中盛油高于下部油位计下限。

（9）打开泄压阀。

（10）远程控制装置运转。

① 远程控制装置空负荷运转。

a. 电控箱旋钮转到手动位置启动电泵，检查电泵链条的旋转方向、柱塞密封装置的松紧程度以及柱塞运动的平稳状况，电泵运转 10min 后手动停泵。

b. 关闭泄压阀，旁通阀手柄扳到关位。

② 远程控制装置带负荷运转。

a. 手动启动电泵。从蓄能器压力表上可以看出油压迅速升至 7MPa，然后缓慢升至 21MPa。手动停泵，稳压 15min。检查管路密封情况，蓄能器压力表压降不超过 0.5MPa 为合格。

b. 观察环形防喷器供油压力表与液压闸板防喷器供油压力表，检查或调节 2 个减压溢流阀的二次油压为 10.5MPa。

c. 开、关泄压阀，使蓄能器油压降到 19MPa 以下，手动启动电泵，使油压升到蓄能器安全阀调定值，检查或调节蓄能器安全阀的开启压力；手动停泵。

d. 开泄压阀，电控箱主令开关转到“自动”位置，电泵空载运转 10min 后，关闭泄压阀，使蓄能器压力升到 21MPa，此时应能自动停泵，逐渐打开泄压阀，使系统缓慢卸载，油压降到 19MPa 时，电泵应能自动启动。检查压力控制器的工作效能，否则重新调定。最后，将电控箱旋钮旋到停位，停泵。

e. 关闭液气开关的旁通阀，打开通往气动泵的气源开关，使气动泵工作，待蓄能器压力升到 21MPa 左右时，观察液气开关是否切断气源使气泵停止运转。逐渐打开控制管汇上的泄压阀，使系统缓慢卸载，系统压力降到 18.9MPa 左右时，气泵应自动启动。如果气泵不能自动启动，则重新调定，并检查液气开关的工作效能。最后，关闭气泵进气阀，停泵。

f. 检查或调节气动压力变送器的输入气压，一次气压表显示 0.14MPa。核对远程控制装置与遥控装置上三块压力表的压力值，根据压力进行“有压调定”。

g. 检查管汇安全阀的开启压力。关闭管路上的蓄能器隔离阀，三位四通转阀转到中位，电控箱上的主令开关扳到“手动”位置，启动电泵，蓄能器压力升到 23MPa 左右，观察电动油泵出口的溢流阀是否能全开溢流。全开溢流后，将主令开关扳到“停止”位置，停止电动油泵，溢流阀应在不低于 19MPa 时完全关闭。若有气泵，关闭蓄能器组隔离阀，将控制管汇上的旁通阀扳到“开”位。打开气源开关阀、液气开关的旁通阀，启动气动油泵运转，使管汇升压到 34.5MPa，观察管汇溢流阀是否全开溢流。全开溢流后，关闭气源，停止气动油泵，溢流阀应在不低于 29MPa 时完全关闭。由于做此项检查时管路油压较高，易导致管路活接头、弯头刺漏，故现场一般不做此项调试。

③ 控制装置停机备用。

操作安全提示：

开、关泄压阀排掉蓄能器压力油，电控箱旋钮转到停位，拉下电源空气开关，三位四通换向阀手柄扳到中位，装有气源截止阀的控制装置必须将气源截止阀关闭。

20. 液压闸板防喷器关井操作。

准备工作：

正确穿戴劳动保护用品。

操作程序：

（1）液压关井：在钻台上操作空气换向阀进行关井动作。

（2）手动锁紧：顺时针旋转两操纵杆手轮，使锁紧轴伸出到位将闸板锁住。

（3）液控压力油泄压：在蓄能器装置上操作换向阀使之处于中位（这时液控油源被切断，管路压力油的高压被泄掉）。

操作安全提示：

（1）手动锁紧的操作要领：顺旋、到位、回旋。

（2）不顺时针旋转手轮就不能使锁紧轴伸出。锁紧轴台肩与止推轴承处挡盘未贴紧就是锁紧轴不到位。锁紧轴不到位就不能将闸板锁紧，就有可能开井失控。为了确保锁紧轴伸处到位，手动必须旋够应旋的圈数直到旋不动为止。

（3）手轮应旋的圈数各闸板防喷器是不同的，应熟知所用防喷器手轮应旋圈数，此外应在手轮处挂牌标明。

21. 液压闸板防喷器开井操作。

准备工作：

正确穿戴劳动保护用品。

操作程序：

（1）手动解锁：逆时针旋转两操纵杆手轮，使锁紧轴缩回到位，两手轮被迫停转后再各顺时针旋转 1/4 ～ 1/2 圈。

（2）液压开井：在钻台上操作空气换向阀进行开井动作。

（3）液控压力油泄压：在蓄能器装置上操作换向阀使之处于中位。

操作安全提示：

（1）手动解锁的操作要领：逆旋、到位、回旋。

（2）不逆时针旋转手轮就不能使锁紧轴螺纹部位重新缩回到活塞中。锁紧轴螺纹部位未全部缩回就是锁紧轴不到位，那么在液压开井后，闸板就不能完全打开，钻井作业时钻具就会碰坏闸板。为了保证锁紧轴缩回到位，手轮必须逆旋足够的圈数直到旋不动为止。

22. 液压闸板防喷器手动关井操作。

准备工作：

正确穿戴劳动保护用品。

操作程序：

（1）操作蓄能器装置上换向阀使之处于关位。

（2）手动关井：顺时针旋转两操纵杆手轮，将闸板推向井眼中心。

（3）操作蓄能器装置上换向阀使之处于中位。

操作安全提示：

（1）液控失效时实施手动关井，当压井作业完毕需要打开防喷器时，必须利用已修复的液控装置液压开井，否则闸板防喷器是无法打开的。

（2）手动关井操作要领：顺旋、到位、回旋。

（3）务必注意，一定要顺时针方向旋动手轮。

23. 安装抽油机油井防喷盒操作。

准备工作：

（1）正确穿戴劳动保护用品。

（2）设备准备：提升设备 1 套。

（3）工（用）具、材料准备：抽油杆吊卡 2 只，防喷盒 1 套，胶皮阀门 1 个，方卡子 1 个，钢锯 1 把，250mm 螺丝刀 1 把，ϕ28mm 光杆 1 根，锯条 2 根，防喷盒密封填料 15 块，密封脂少许。

操作程序：

（1）卸开防喷盒密封帽上的压盖，取出胶皮密封填料，再卸开防喷帽，取出上压帽、密封填料、弹簧及下压帽。

（2）卸开下密封座，取出密封填料及压帽。

（3）把胶皮密封填料倾斜锯开一个切口。

（4）用光杆无接头一端，穿过胶皮阀门、抽油杆防喷盒部件，装够密封胶皮。

（5）将胶皮阀门及防喷盒各部件连接螺纹抹好密封脂对扣连接，关闭胶皮阀门，卡紧、卡牢方卡子。

（6）坐抽油杆吊卡在光杆方卡子下面，提起光杆对扣上紧。然后，开胶皮阀门手轮，上提抽油杆，撤去吊卡，下放光杆使泵内的活塞接触泵底。

（7）上紧各连接部位螺纹。

操作安全提示：

（1）提光杆时，必须扶起防喷盒，防止将光杆压弯。

（2）放密封填料胶皮时，上下两块应避开切口位置，胶皮密封填料切口朝不同方向。

（3）防喷盒上扣时不能过紧，以防挤裂。

24. 铅模打印操作。

准备工作：

（1）正确穿戴劳动保护用品。

（2）设备准备：水泥车 1 台，提升设备 1 套。

（3）工（用）具、材料准备：液压油管钳 1 台，吊卡 2 只，铅模 1 个，内外卡钳 1 副，300mm 游标卡尺 1 把，1000mm 钢板尺 1 把，数码相机 1 个，绘图工具 1 套，井筒容积 1.5 倍的清水，累计长度大于井深 100m 的油管，密封脂 1 桶。

操作程序：

（1）冲砂。

（2）将铅模连接在下井的第一根油管底部，下油管 5 根后装上自封封井器。

（3）铅模下至鱼顶以上 5m 时，冲洗鱼头，边冲洗边慢下油管，下放速度不超过 2m/min。

（4）当铅模下至距鱼顶 0.5m 时，以 0.5 ～ 1.0m/min 的速度边冲洗边下放，一次加压打印，一般加压 30kN。

（5）起出油管，卸下铅模清洗。

（6）铅模描述：①用照相机拍照铅模，保留铅模原始印痕。②用 1 ∶ 1 的比例绘制草图。

操作安全提示：

（1）铅模下井前必须认真检查。

（2）严禁带铅模冲砂。

（3）冲砂打印时，洗井液过滤后方可泵入井内。

（4）一个铅模在井内只能加压打印一次。

（5）起下铅模管柱时，要平稳操作并随时观察拉力计的变化。

（6）起带铅模管柱遇卡时，严禁猛提猛放。

（7）在修井液中打铅印时，如果因故停工，应将井内修井液替净或将铅模起出，防止卡钻。

（8）若铅模遇阻时，切勿硬顿硬砸。

（9）当套管缩径、破裂、变形时，下铅模打印加压不超过 30kN，防止铅模卡在井内。

25. 磨铣落鱼操作。

准备工作：

（1）正确穿戴劳动保护用品。

（2）设备准备：提升设备 1 套，旋转设备 1 套，循环设备 1 套。

（3）工（用）具、材料准备：液压钳 1 台，活门吊卡 2 只，磨鞋 1 个，扶正器 4m，ϕ73mm IF 钻杆（鱼顶以上加 50m），修井液 20m^3，密封脂 1 桶。

操作程序：

（1）卸井口装置，将套铣筒或磨鞋连接在下井第一根钻杆的底部，下井。

（2）套铣筒或磨鞋下至鱼顶以上 5m 处，停止下放钻具。

（3）接正洗井管线，开泵循环试循环一周，确认泵压正常试转、旋转钻具正常，记录悬重。

（4）缓慢下放管柱加压磨铣，钻压不得超过 45kN，排量大于 800L/min，转速为 40 ～ 80r/min，中途不得停泵。

（5）开振动筛，录取钻屑、修井液参数。

（6）磨铣到位后洗井 1.5 ～ 2 周，起出管柱。

（7）检查磨铣工具，分析磨铣效果，确定下一步方案。

操作安全提示：

（1）下钻速度不宜太快。

（2）作业中途不得停泵，修井液的上返速度不得低于 36m^3/h，如达不到应采用沉砂管或捞砂筒等辅助工具，以防止磨屑卡钻。

（3）如果出现单点长期无进尺的情况，应分析原因，采取措施，防止磨坏套管。

（4）在磨铣过程中，为了不损伤套管，应在磨鞋上部加接一定长度的钻铤或在钻具上接扶正器，以保证磨鞋平稳工作。

（5）磨鞋不能与震击器配合使用。

26. 套铣筒套铣操作。

准备工作：

（1）正确穿戴劳动保护用品。

（2）设备准备：提升设备 1 套，旋转设备 1 套，循环设备 1 套。

（3）工（用）具、材料准备：液压钳 1 台，活门吊卡 2 只，套铣筒 1 个，安全接头 1 个，ϕ73mmIF 钻杆（鱼顶以上加 50m），修井液 20m^3，密封脂 1 桶。

操作程序：

（1）套铣筒下井前要测量外径、内径和长度尺寸，并绘制草图。

（2）连接套铣筒，保证螺纹清洁，并涂螺纹密封脂。

（3）根据地层的软硬及被磨铣物体的材料、形状选用套铣头。

（4）下套铣筒，必须保证井眼畅通。在深井、定向井、复杂井套铣时，套铣筒不要太长。

（5）套铣筒下钻遇阻时，不能用套铣筒划眼，要分析原因或起钻检查。

（6）当井较深时，下套铣筒要分段循环修井液，不能一次下到鱼顶位置，以免开泵困难，憋漏地层和卡套铣筒。

（7）下套铣筒要控制下钻速度，由专人观察环空修井液上返情况。

（8）套铣作业中若套不进落鱼，应起钻详细观察铣鞋的磨损情况，认真分析，并采取相应的措施。不能采取硬铣的方法，避免造成鱼顶、铣鞋、套管的损坏。

（9）应以蹩跳小、钻速快、井下安全为原则选择套铣参数。

（10）套铣筒入井后要连续作业，当不能进行套铣作业时，要将套铣筒上提至鱼顶 50m 以上。

（11）每套铣 3 ～ 5m，上提套铣筒活动一次，但不要提出鱼顶。

（12）套铣时，在修井液出口槽内放置一块磁铁，以便观察出口返出的铁屑情况。

（13）套铣过程中，若出现严重蹩钻、跳钻、无进尺或泵压上升或下降的情况，应立即起钻分析原因。待找出原因，泵压恢复正常后再进行套铣。

（14）套铣至设计深度后，要充分循环洗井，待井内碎屑物全部洗出后，起钻。

（15）套铣结束，应立即起钻。在套铣鞋没有离开套铣位置时不能停泵。

操作安全提示：

（1）套铣时加压不得超过 40kN，指重表要灵活好用。

（2）在套铣深度以上若有严重出砂层位，必须处理后再套铣。

（3）在套铣施工过程中，每套铣完 1 根钻杆要充分洗井，时间不少于 20min。

（4）在套铣施工过程中，若出现无进尺或蹩钻等现象，不得盲目增加钻压，待确定原因后再采取措施，防止出现重大事故。

27. 使用公锥打捞操作。

准备工作：

（1）正确穿戴劳动保护用品。

（2）设备准备：提升设备 1 套，循环设备 1 套。

（3）工（用）具、材料准备：液压钳 1 台，ϕ73mm 钻杆吊卡 2 只，公锥 1 个，250 ～ 500mm 游标卡尺 1 把，ϕ73mm 钻杆（鱼顶以上加 50m），方钻杆 1 套，密封脂 1 桶。

操作程序：

（1）根据落鱼水眼尺寸选择公锥规格。

（2）检查打捞部位螺纹和接头螺纹是否完好无损。

（3）测量各部位的尺寸，绘出工具草图，计算鱼顶深度和打捞方入。

（4）检验公锥打捞螺纹的硬度和韧度。

（5）配接震击器和安全接头。

（6）下钻至鱼顶以上 1 ～ 2m 开泵冲洗，然后以小排量循环并下探鱼顶。

（7）根据下放深度、泵压和悬重的变化判断公锥是否进入鱼腔。

（8）造 3 ～ 4 扣后，指重表（或拉力计）悬重若上升应上提钻柱造扣，上提负荷一般应比原悬重大 2 ～ 3kN。

（9）上提造 8 ～ 10 扣后，钻柱悬重增加，造扣即可结束。

（10）打捞起钻前要检查打捞是否牢靠，起钻要求操作平稳，禁止转盘卸扣。

操作安全提示：

（1）打捞鱼腔应畅通。

（2）打捞操作时，不允许猛顿鱼顶，以防将鱼顶或打捞螺纹顿坏。

（3）切忌在落鱼外壁与套管内壁的环形空间造扣，以免造成严重后果。

28. 使用滑块捞矛打捞操作。

准备工作：

(1) 正确穿戴劳动保护用品。

(2) 设备准备：提升设备1套，循环设备1套。

(3) 工（用）具、材料准备：液压钳1台，ϕ73mm钻杆吊卡2只，滑块捞矛1个，安全接头1个，300mm游标卡尺1把，ϕ73mm钻杆（鱼顶以上加50m），密封脂1桶。

操作程序：

(1) 检查滑块捞矛的矛杆与接箍连接螺纹、水眼、滑块挡键是否合格。

(2) 将滑块滑至斜键1/3处，测量滑块在斜键1/3处的直径。

(3) 绘制下井滑块捞矛的草图。

(4) 将滑块捞矛下井，装封井器，下至距鱼顶10m时停止下放。

(5) 循环冲洗鱼顶（带水眼的滑块捞矛），同时缓慢下放钻具，注意观察指重表指重变化。

(6) 当悬重下降有遇阻显示时，加压10～20kN停止下放。

(7) 试提判断是否已捞上落鱼。

(8) 若已捞上落鱼，则上提管柱并停泵。①若井内落物质量很轻（1～2根油管），且不卡，试提时，指重显示不明显，这时应在旋转管柱的同时反复上提下放管柱2～3次后再上提管柱。②若井内落物质量较大，且不卡，试提时，指重明显上升，可确定落鱼已捞上。③若井内有砂，则先试提，再下放，观察管柱下放位置，如果高于原打捞位置，可确定落鱼已捞上。④若井内落物被卡，试提时，指重明显上升，活动解卡后指重明显下降，这时落鱼已被捞上。

（9）落鱼捞上后，上提 5 ～ 7m 时刹车，再下放管柱至原打捞位置，检查落鱼是否捞得牢靠，防止所起管柱中途落鱼再次落井。

（10）起出井内管柱及落鱼。

操作安全提示：

（1）施工前要仔细检查井架、绷绳、地锚、大绳、死绳头等部位。

（2）指重表要灵活好用。

（3）打捞管柱必须上紧，防止脱扣。

（4）打捞过程中，要有专人指挥，慢提慢放并注意观察指重表的指重变化。

（5）下打捞管柱及打捞过程中，要装好自封封井器，防止小件工具落井。

（6）起钻过程中，操作要平稳，防止顿井口。

29. 使用可退式捞矛打捞操作。

准备工作：

（1）正确穿戴劳动保护用品。

（2）设备准备：提升设备 1 套，循环设备 1 套。

（3）工（用）具、材料准备：液压钳 1 台，ϕ73mm 钻杆吊卡 2 只，可退式打捞矛 1 个，300mm 游标卡尺 1 把，ϕ73mm 钻杆（鱼顶以上加 50m），密封脂 1 桶。

操作程序：

（1）检查可退式捞矛尺寸、卡瓦运转是否灵活。

（2）将可退式捞矛下井，下 5 根钻具后装上自封封井器，距井内鱼顶 2m 时停止下放。

（3）开泵冲洗鱼顶，下探鱼顶。

（4）当钻具指重下降时，停止下放并记录悬重。

（5）下放管柱时，反转钻具 2 ～ 3 圈抓落鱼，当指重下降 5kN 时停止下放，并停泵。

（6）上提管柱，判断落鱼是否捞上，若捞上则上提管柱，否则重捞。

（7）若需退出捞矛，则钻具下击加压，上提管柱至原悬重，正转管柱 2 ～ 3 圈。

（8）上提打捞管柱，待捞矛退出鱼腔后，起出全部钻具。

操作安全提示：

（1）施工前要仔细检查井架、绷绳、地锚、大绳、死绳头等部位。

（2）指重表要灵活好用。

（3）打捞管柱必须上紧，防止脱扣。

（4）打捞过程中，要有专人指挥，慢提慢放并注意观察指重表的指重变化。

（5）下打捞管柱及打捞过程中，要装好自封封井器，防止小件工具落井。

（6）起钻过程中，操作要平稳，防止顿井口。

30. 使用卡瓦捞筒打捞操作。

准备工作：

（1）正确穿戴劳动保护用品。

（2）设备准备：提升设备 1 套，循环设备 1 套。

（3）工（用）具、材料准备：液压钳 1 台，ϕ73mm 钻杆吊卡 2 只，卡瓦捞筒 1 个，300mm 游标卡尺 1 把，内、外卡钳各 1 把，2000mm 钢卷尺 1 把，ϕ73mm 钻杆（鱼顶以上加 50m），密封脂 1 桶。

操作程序：

(1) 在地面检查卡瓦尺寸，用卡尺测量卡瓦结合后的椭圆长短轴尺寸，并压缩卡瓦，观察是否具有弹簧压缩力。

(2) 下钻至鱼顶以上 1 ～ 2m 处循环洗井。

(3) 下放钻具，若指重表指针有轻微跳动后逐渐下降且泵压有变化，说明已引入落鱼，可以试提钻具。若悬重明显增加，则证明已经捞获，即可起提钻。

(4) 若落鱼质量较轻，指重表反映不明显，可转动钻具 90°，重复打捞数次，再提钻。

(5) 需要倒扣时，将钻具提至倒扣负荷进行倒扣作业。

操作安全提示：

(1) 需注意，卡瓦捞筒不能承受大的扭矩。

(2) 施工前要仔细检查井架、绷绳、地锚、大绳、死绳头等部位。

(3) 指重表要灵活好用。

(4) 打捞管柱必须上紧，防止脱扣。

(5) 打捞过程中，要有专人指挥，慢提慢放并注意观察指重表的指重变化。

(6) 下打捞管柱及打捞过程中，要装好自封封井器，防止小件工具落井。

(7) 起钻过程中，操作要平稳，防止顿井口。

31. 使用抽油杆捞筒打捞操作。

准备工作：

(1) 正确穿戴劳动保护用品。

(2) 设备准备：提升设备 1 套，循环设备 1 套。

(3) 工（用）具、材料准备：900mm 管钳 2 把，抽油杆捞筒 1 个，300mm 游标卡尺 1 把，密封脂 1 桶。

操作程序：

（1）按井内抽油杆尺寸选择工具。

（2）拧紧各部分螺纹，将工具下入井内。

（3）当工具接近鱼顶时，缓慢下放，悬重下降不超过10kN时停止下放。

（4）上提，起出井内管柱。

操作安全提示：

（1）如果井下抽油杆鱼顶进工具筒体困难，可慢慢右旋使抽油杆进入筒体。

（2）工具出井后，卸去上接头、弹簧，取出卡瓦，即可抽出抽油杆。

32. 使用螺旋式外钩打捞操作。

准备工作：

（1）正确穿戴劳动保护用品。

（2）设备准备：提升设备1套。

（3）工（用）具、材料准备：液压钳1台，螺旋式外钩1个，300mm游标卡尺1把，2000mm钢卷尺1把，密封脂1桶。

操作程序：

（1）选择合适的螺旋式外钩，上紧后下入井内。

（2）下至落鱼以上1～2m时记录钻具悬重。

（3）下放钻具，使钩体插入落鱼内同时旋转钻具，悬重下降不超过20kN。

（4）如果不清楚鱼顶深度，不能一次插入落物太深，避免将落物压成团。

（5）上提钻具，若悬重上升，说明已捞住落鱼，否则旋转一下管柱重复下放打捞，直至捞获。

（6）如确定已经捞获，可以边上提边旋转 3 ～ 5 圈，让落物牢靠地缠绕在螺旋式外钩上。

（7）起钻。

操作安全提示：

（1）防卡圆盘的外径与套管内径之间的间隙要小于被打捞绳类落物的直径。

（2）上提时，速度不得过快、过猛。

（3）捞钩以上必须加装安全接头。

33. 使用游标卡尺操作。

准备工作：

（1）正确穿戴劳动保护用品。

（2）工（用）具、材料准备：300mm游标卡尺1把（图2），待测工件 1 个。

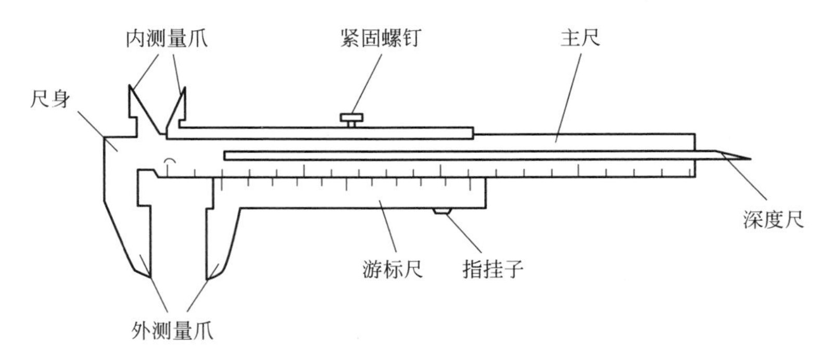

图 2　游标卡尺结构示意图

操作程序：

（1）旋松紧固螺钉。

（2）右手四指紧握主尺，拇指按在指挂子上，根据所测工件尺寸向后拉游标尺，使尺口张开。

（3）左手拿起欲测工件，或将工件放在地面、工作台上，将量爪卡在工件的测量部位。需注意的是，测量外径时量爪要与工件的水平外直径垂直，测量孔深时，深度尺要顶实孔底。

（4）顶紧螺钉拧死，使游标尺固定。

（5）先读游标尺零线对应主尺线的毫米整数。

（6）再读游标尺与主尺对齐刻度线的游标尺读数，该读数乘以游标卡尺的精度即小数点后面数字。

（7）将上面两数相加即为总尺寸。

操作安全提示：

（1）游标卡尺是比较精密的测量工具，要轻拿轻放，不得碰撞或跌落地下。不用时应置于干燥的地方以防止锈蚀，并定期送到有关部门检验。

（2）测量时，应先拧松紧固螺钉，移动游标尺不能用力过猛；两量爪与待测物的接触不宜过紧；不能使被夹紧的物体在量爪内挪动。

（3）读数时，视线应与尺面垂直。如需固定读数，可用紧固螺钉将游标尺固定在尺身上，防止滑动。

（4）实际测量时，对同一长度应多测几次，取其平均值来消除偶然误差。

34. 使用钢卷尺丈量计算油管长度操作。

准备工作：

（1）正确穿戴劳动保护用品。

（2）工（用）具、材料准备：15m 钢卷尺 1 把，计算器 1 个，记录笔 1 支，油管记录纸、油管、油管桥、油管内径规若干。

操作程序：

（1）仔细检查所需丈量油管螺纹。

（2）将准备好的标准下井油管摆放在油管桥上。

（3）油管桥应距地面 30 ～ 40cm，距井口 2m 左右，坚固平整。

（4）用标准的油管内径规通油管。

（5）将油管在油管桥上排列整齐。

（6）油管前端人员将钢卷尺的零线对准油管接箍上端面，油管后端人员将外螺纹 1 ～ 2 扣处刻度读出，记录人员做好记录。

（7）计算油管累计长度，丈量的数据记录在数据纸上，每 10 根一组，每组计算小计。

操作安全提示：

（1）油管桥上的油管必须 10 根一组，顺序不变并与记录本的顺序一致。

（2）必须做到三丈量三对口，误差不大于 0.02%。

（3）在测量过程中要避免油管夹尺。

35. 使用多功能气体检测仪操作。

准备工作：

设备准备：检测合格的便携式多种气体检测仪（以梅思安天鹰 4X 为例）1 套，电量充足、性能完好。

操作程序：

（1）按电源按钮使仪表开机，仪表预热同时显示仪表信息以及报警设置点。

（2）新鲜空气设置：选择按电源按钮，取消按向上按钮。

（3）在普通测量模式下，按向下按钮可以向下翻页用于查看各选项页面。

（4）在各选项页面，按向上按钮可以使报警或峰值和短期暴露限值复位。

（5）执行快速标定检查，在快速标定页面按电源按钮。

（6）标定：确认处于新鲜空气环境中，在普通操作模式下按住向上按钮超过 3s。

（7）至跌倒报警功能页面，按照屏幕显示的指令可以激活 / 取消跌倒报警功能。

（8）按住电源按钮可以关闭仪表。

操作安全提示：

（1）当仪表未能通过快速标定测试时需要对仪表进行标定。

（2）当仪表遭受物理撞击、在极端的温度下长时间时，需要对仪表进行标定。

（3）当仪表暴露在含有硅胶、硅酸盐、含铅化合物、硫化氢或高污染的环境中时，需要对仪表进行标定。

（4）对有毒气体检测仪进行标定时，标定软管需要采用不吸收标定气体的材料制成。

（5）对有毒气体检测仪进行标定时，流量阀与仪表之间的标定软管不宜过长。

（6）对有毒气体检测仪进行标定时，指定标定工具专门用于该气体的标定。

（7）每天在使用之前必须要进行快速标定测试。

（8）使用便携式多种气体检测仪时，应选择靠近井口的下风口的位置。

（9）便携式多种气体检测仪待用状态应检定合格并在有效期内，且电池电量充足。

36. 使用正压式空气呼吸器操作。

准备工作：

（1）正确穿戴劳动保护用品（工服、工鞋、安全帽、手套等）。

（2）设备准备：正压式空气呼吸器 1 套。

操作程序：

（1）检查：

① 检查面罩无裂纹、无划伤、清洁，试面罩密封性及呼吸阀开关灵活性，关闭呼吸阀，松面罩松紧带。

② 检查肩带、腰带，气瓶与背板的连接情况，气瓶表面有无损伤，背板与气瓶连接是否牢固。

③ 打开气瓶检查压力表工作是否正常并记住压力。

④ 关闭气瓶，观察压力检查供气管线是否密封完好。

⑤ 打开放气阀观察是否能正常放气，当压力下降到 5MPa 时发出报警音，说明报警装置工作正常。

（2）操作：

① 检查程序结束并确保合格后，背起空气呼吸器主体，调节好肩带、腰带并系紧。

② 戴上全面罩，收紧系带，调节好松紧度，面部应感觉舒适且无明显的压迫感及头痛，并用手堵住供气口测试面罩气密性，确保全面罩软质侧缘和人体面部的充分结合。

③ 打开气瓶阀，连接好快速插头，然后做 2 ～ 3 次深呼吸，感觉供气舒畅无憋闷，并由他人检查连接是否正确，快速接口的两个按钮是否正确连接在面罩上，有无错扣、卡扣现象。

④ 在使用过程中要随时观察压力表的指示值，当压力下降到 5MPa 或听到报警声时，佩戴者应立即停止作业、安全撤离现场。

⑤ 使用完毕并撤离到安全地带后，拔开快速插头，放松面罩系带卡子，摘下全面罩，关闭气瓶阀，卸下呼吸器，按住供气阀按钮，排除供气管路中的残气。

操作安全提示：

（1）佩戴前检查要细致，不密封，压力低则不能佩戴。

（2）使用完毕后做好清洁，装入箱子内。

（3）正压式空气呼吸器满压状态压力为 30MPa，报警压力为 5MPa。

（4）正压式空气呼吸器适用于氧气浓度低于 17% 的情况。

（5）正压式空气呼吸器报警哨内置于压力表内，位置设计在肩部，距耳朵近，报警强度大于 90dB。

（6）应检查正压式空气呼吸器气密性，打开瓶头阀 2min 后关闭瓶头阀，观察压力表的示值应不下降。

（7）正压式空气呼吸器应根据使用情况定期进行检查，不使用时应每日检查一次。

（8）打开正压式空气呼吸器气瓶瓶头阀，待压力表指示值上升至 7MPa 以上时关闭瓶头阀，观察压力表下降情况至报警开始，报警起始压力应为 4 ～ 6MPa。

（9）要定期对正压式空气呼吸器进行检查，工作压力不足 28MPa 时，应进行充气。

37. 测量压井液密度操作。

准备工作：

（1）正确穿戴劳动保护用品。

（2）工（用）具、材料准备：密度计1套（图3），量杯1个，铅粒少许，螺丝刀1把，待测压井液（水泥浆）1000mL，装满清水的水桶1个，棉纱若干。

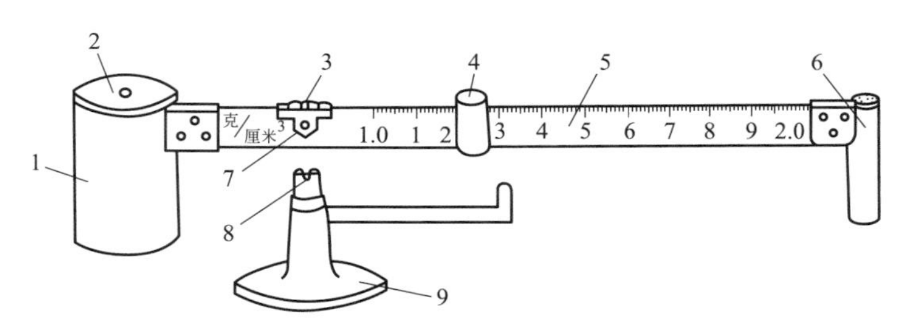

图3　密度计结构示意图

1—密度计杯；2—杯盖；3—水平仪；4—游码；5—杠杆；6—平衡杯；7—上刀口；8—主刀垫；9—底座支架

操作程序：

（1）将密度计底座支架放置在水平的地面上。

（2）将密度计杯灌满清水。

（3）盖上杯盖，擦干净从杯盖上部小孔溢出的水，并将密度计置于底座支架上。

（4）移动杠杆上的游码，使其左侧与杠杆上的刻度1.0重合。

（5）观察水平仪中的气泡是否在中央位置。

（6）若气泡不在中央位置则密度计不呈水平平衡状态，要拧开平衡杯上的螺钉。

（7）如水平仪的气泡向密度计杯一侧偏移，则适当减少平衡杯内铅粒，拧上平衡杯上的螺钉。

（8）若水平仪里的气泡向平衡杯一侧偏移，则适当向平衡杯内增加铅粒，拧上平衡杯上的螺钉。

（9）通过适当增减平衡杯内的铅粒调节至水平平衡状态，使水平仪内的气泡处于中央位置，密度计呈水平状态。

（10）将密度计置于施工现场中某一较平整的位置，并将一装满清水的水桶放在旁边。

（11）将密度计杯内外擦干净，将需测量的压井液（泥浆、卤水）或水泥浆灌满密度计杯，盖上杯盖。

（12）用水洗净溢出的压井液或水泥浆并用棉纱擦干净。

（13）将密度计置于底座支架上，移动游码并观察水平仪中的气泡，使气泡处于中央位置，密度计呈水平平衡状态。

（14）杠杆上游码左侧所示的刻度值，即为所测的压井液（泥浆、卤水等）的密度。

操作安全提示：

（1）校正密度计时必须使用清洁的纯净水。

（2）灌入压井液前确保密度计杯内外壁清洁干燥。

38. 测量压井液黏度操作。

准备工作：

（1）正确穿戴劳动保护用品。

（2）工（用）具、材料准备：漏斗黏度计1套（图4），待测压井液（水泥浆）1000mL，秒表1只，装满清水的水桶1个，量杯1个，棉纱少许。

操作程序：

（1）用清水校正漏斗黏度计，流满500mL清水所用时间为15s±0.2s则合格。

（2）一手握黏度计用食指堵住黏度计漏斗出口，放好过滤筛网。

（3）用量杯分别取500mL和200mL循环好的压井液，倒在锥形漏斗上面的滤网上，使压井液经过滤网过滤注入漏斗内。

（4）将量杯容积500mL一端朝上，放在平整的地面上。

（5）用食指堵住漏斗出口，对准放在地面上的量杯，另一只手拿起回零的秒表。

（6）挪开堵住锥形漏斗出口的食指，同时启动秒表。

（7）当压井液充满500mL量杯时，按止秒表，记下时间，该时间即为被测压井液的黏度。

（8）用清水和棉纱清洗黏度计并晾干、保存。

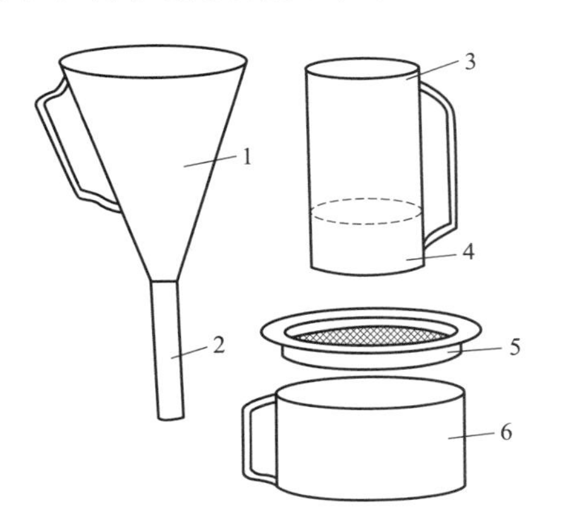

图4　黏度计结构示意图

1—锥形漏斗；2—管子；3—量杯500mL部分；4—量杯20mL部分；5—滤网；6—杯

操作安全提示：

（1）操作时取的压井液样一定是循环均匀的压井液。黏度计校正操作方法同测压井液黏度，只是将压井液改为清水。

（2）滴漏时间应与启动秒表时间一致。

（3）量杯刻度与压井液弯曲面与眼睛视线应同一水平面上。

（4）在压井液流满量筒的同时停住秒表。

（5）黏度计用后必须清洁干净，放在工具箱内，严禁磕碰。

39. 装卸采油树油管挂操作。

准备工作：

（1）正确穿戴劳动保护用品。

（2）设备准备：作业机 1 台，施工井及采油树井口 1 套。

（3）工（用）具、材料准备：48mm 套筒扳手 1 把，大锤 1 把，300mm×36mm 活动扳手 1 把，ϕ73mm 油管吊卡 2 只，900mm 管钳 1 把，ϕ73mm 提升短节 1 个，黄油、棉纱少许，5m 钢丝绳套 1 根，5m 棕绳 1 根。

操作程序：

（1）起油管前卸采油树井口，提油管悬挂器。

① 用 48mm 套筒扳手和大锤卸开套管四通上法兰与采油树总阀门法兰连接的螺栓。

② 用钢丝绳套将采油树挂在游动滑车的大钩或吊卡上。

③ 指挥作业机上提，将采油树本体提离套管四通 20 ～ 30cm 高。

④ 用棕绳向井口一侧拉采油树本体，并指挥作业机手下放至地面。

⑤ 取下套管四通法兰钢圈槽内的钢圈，放在不易磕碰处。

⑥ 用 300mm×36mm 的活动扳手将套管四通法兰上的四条顶丝退回法兰内，用 900mm 管钳将提升短节装在油管悬挂器上。

⑦ 将一支吊卡扣在提升短节上，挂好吊环，插上吊卡销。

⑧ 指挥作业机手上提（观察拉力表负荷，如果超过井内管柱悬重，要停止上提，分析原因；如果拉力显示正常则继续上提），当井内最上一根油管的接箍提出套管四通法兰面以上 30cm 左右时，将另一只吊卡扣在油管上。

⑨ 指挥司机下放油管，使油管坐在吊卡上，用 900mm 管钳将油管悬挂器连同提升短节一起卸开，并放置在便于施工的位置。

⑩ 进行正常起下作业。

（2）下油管结束时坐油管悬挂器，装采油树井口。

① 检查油管悬挂器的 O 形密封圈是否完好，如有损坏，及时更换。

② 将油管悬挂器连同提升短节一起用 900mm 管钳装在最后下入井内的油管上。

③ 指挥司机下放，将挂在吊环上的吊卡扣在提升短节上。

④ 指挥司机上提油管 15 ～ 20cm 刹车，撤掉坐在油管接箍下面的另一只吊卡。

⑤ 指挥作业机缓慢下放，使油管悬挂器稳稳地坐入套管四通内。

⑥ 如发现油管悬挂器与套管四通有错位现象，用棕绳绕过提升短节根部，用力拉至井筒中心，再指挥通井机手慢慢下放，将其坐入套管四通内。

⑦ 用 300mm×36mm 的活动扳手将套管四通四条顶丝顶紧卡住锥体。

⑧ 用棉纱将套管四通法兰钢圈槽擦净，涂上黄油，将钢圈放入槽内，再将采油树本体吊装在套管四通上。

⑨ 将 12 条法兰螺栓装在四通法兰与采油树法兰上，用扳手先对角上紧、再全部拧紧，卸下穿在游动滑车大钩的钢丝绳套。

操作安全提示：

（1）拆装采油树时，必须指挥作业机手慢提慢放，并将采油树拉住，以防磕、碰、刮井口及伤害操作人员。

（2）卸下的钢圈必须保护好，将其放在不易磕碰处，以防损坏失去密封性。

（3）上提油管悬挂器前，套管四通法兰顶丝必须全部退进法兰内。

（4）开始提油管时，施工人员不要站井口操作台上，要有专人观察井架绷绳、地锚。

（5）提油管悬挂器时，若负荷超过管柱悬重 200kN 仍提不动，要停止上提，然后加固活绳、死绳、地锚、井架绷绳，根据设备要求确定继续上提或另采取措施。

40. 摘挂吊卡、吊环操作。

准备工作：

（1）正确穿戴劳动保护用品。

（2）设备准备：提升设备 1 套。

（3）工（用）具、材料准备：保险绳（细铁链）2 根，ϕ73mm 油管吊卡（含吊卡销）2 只，900mm 管钳 2 把，ϕ73mm 提升短节 1 个。

操作程序：

（1）下油管时摘挂吊卡、吊环。

① 用保险绳（细铁链）将吊卡销牢固地系在吊环上。

② 打开吊卡月牙，检查吊卡月牙是否灵活，手柄销是否上紧。如销松动，要用螺丝刀上紧，活动不灵活要用油壶添加机油润滑。

③ 两人分别握住吊卡两耳，将其扣在油管上，关上月牙。

④ 把吊卡沿油管轴心转 180°（使吊卡月牙处于朝上的位置）。

⑤ 指挥司机放游动滑车，当吊环距操作台面 1m 左右时，两人同时一手握住吊环，一手拿着吊卡销，同时将吊环推进吊卡两边耳内，并将吊卡销插入吊卡两耳的孔中。

⑥ 两人手扶吊环，指挥司机上提游动滑车。

⑦ 如果是第一根油管，则直接下入井内，当吊卡放至距井口 1m 左右时，两人同时用一只手握住吊环，待吊卡坐在套管四通法兰上时，迅速拔下吊卡销、吊环，并挂在另一个早已预备好的吊卡内。

⑧ 如果不是第一根油管，则要先将吊起的油管与井内油管上扣接好，再指挥司钻慢慢上提，当油管接箍离开井口吊卡 5 ～ 10cm 时，打开吊卡月牙，并扣在待下油管上。

⑨ 这样周而复始，就完成了下油管摘挂吊卡、吊环的操作。

（2）起油管时摘挂吊卡、吊环。

① 打开吊卡月牙。

② 按下油管时挂吊卡、吊环的操作将吊卡扣在提升短节上，并指挥司机拉起提升短节，与井口油管悬挂器内

螺纹对接上紧（或直接将提升短节装在油管悬挂器上，用900mm管钳上紧，将吊卡扣在提升短节上。指挥司钻下放游动滑车，再将吊环挂在吊卡的两耳内，插上吊卡销）。

③ 指挥司机继续上提，当井内最上端一根油管接箍露出井口30cm左右时，将放在井口的吊卡由两人各握一边扣在油管上，关上吊卡月牙。

④ 指挥司机下放，使油管接箍坐在吊卡上。

⑤ 卸下油管悬挂器，并指挥司机下放，将油管悬挂器拉向一边。

⑥ 当吊卡放至距井口1m左右时，两人同时握住吊环，将油管悬挂器连同提升短节放在操作台的油管枕上。

⑦ 迅速拔下吊卡销，从吊卡耳中拉出吊环。

⑧ 两人同时将吊环挂在井口吊卡的耳内，插上吊卡销，并指挥司机上提油管。

⑨ 两人各用一只手握住油管枕上的吊卡耳，打开吊卡月牙，摘下吊卡并放在一边。

⑩ 当井内又一根油管接箍露出井口30cm左右时，如上述操作方法将井口吊卡扣到油管上。

⑪ 这样重复上述操作，就完成了起油管时的摘挂吊卡、吊环操作。

操作安全提示：

（1）使用吊卡前要进行仔细检查：

① 吊卡是否与所起、下油管尺寸和规范相同。

② 月牙是否灵活。

（2）摘挂吊卡、吊环时，两人动作要一致、吊环必须挂入吊卡耳内、插好销后才能指挥司机上提，严禁挂单吊环。

（3）下油管时，油管枕上的扣在油管上的吊卡，必须开口朝上才能上提。

（4）起出的油管放在油管枕上，扣在油管上的吊卡必须开口朝下才能摘下。

（5）吊卡销一定要系保险绳。

41. 装卸井口压力表操作。

准备工作：

（1）正确穿戴劳动保护用品。

（2）工（用）具、材料准备：压力表 1 块，压力表保护接头 1 个，600mm 管钳 1 把，250mm×30mm 活动扳手 1 把，密封脂少许，麻绳丝或密封带少许。

操作程序：

（1）装压力表。

① 根据井口压力选择量程合理的压力表，即压力表正常工作时所显示的压力值在压力表量程的 1/3 ～ 1/2。

② 在压力表保护接头的螺纹上涂上少许密封脂，或缠上少许密封带。

③ 用 600mm 管钳将压力表保护接头装在采油树生产阀门或套管阀门上。

④ 在压力表接头的螺纹上涂密封脂或缠上少许密封带。用 250mm×30mm 活动扳手将压力表装在压力表保护接头上，且使表盘朝着便于观察压力的方向。

⑤ 用 250mm×30mm 活动扳手将压力表保护接头上的放压顶丝拧紧。

⑥ 将压力表保护接头阀门打开。

⑦ 人站在与压力表相反的方向开生产阀门或套管阀门，使压力表显示井口压力。若各连接部位无刺漏现象，则安装完毕。否则，应放压后卸掉重装。

（2）卸井口压力表。

① 若卸生产阀门上的压力表，则关生产阀门或关压力表保护接头阀门。若卸套管阀门上的压力表，则关套管阀门或压力表接头阀门。

② 人站在压力表保护接头阀门放压孔相反方向的位置，用 250mm×30mm 活动扳手拧松放压顶丝以放压。

③ 当放压孔已不出油气、压力表显示为零时，用 250mm×30mm 活动扳手卡在压力表接头四棱体部位沿逆时针方向旋转卸下压力表。

操作安全提示：

（1）装压力表时，必须在压力表接头和压力表保护接头的螺纹上涂上密封脂，缠上少许密封带并上紧，但注意不得用管钳等加大力矩上扣。

（2）卸压力表时，必须先关阀门，拧松压力表保护接头放压顶丝放压，在确认无压力后，才能进行下一步工作，同时应注意一只手卸压力表，另一只手握着压力表，勿使压力表掉在地上。

（3）放压时，人必须站在放压孔的侧面或背面。

（4）指针不回零的压力表不能用。

42. 地面检查深井泵密封性操作。

准备工作：

（1）正确穿戴劳动保护用品。

（2）设备准备：提升设备 1 套，井控设备 1 套。

（3）工（用）具、材料准备：水桶 1 个，清水少许，大漏斗 1 个，合格深井泵 1 个，活塞拉杆 1 根，短节 1 个（ϕ73mm×0.5m）。

操作程序：

（1）将深井泵平放在油管桥上，将活塞拉杆插入泵筒内，顺时针旋转使拉杆与泵筒内活塞连接上。

（2）用一只手掌堵住深井泵的固定阀端（即泵的最下端），拉动活塞拉杆，使活塞向泵筒外运动，堵住的一只手感觉有一定的吸力，如果重复几次都有一定的吸力，则证明泵的密封性良好。如果没有一点吸力，说明泵的密封性不好，必须更换。

（3）将活塞拉出，放到不易磕碰处。

（4）将短节接在深井泵的上端，扣上吊卡缓慢提起放入装有井控设备的井筒中，吊卡坐在大四通平面上，放好漏斗向泵筒内灌满清水。

（5）缓慢上提深井泵至固定阀离开大四通平面 10cm 左右，观察深井泵底部是否有漏水现象，如不漏水说明深井泵完好，否则更换。

操作安全提示：

（1）拉运深井泵必须放平，中间不能悬空，严禁磕碰。

（2）采用灌水法试密封性时，必须用棉纱将泵筒外的水擦干净。

（3）深井泵检查合格后方可下井使用。

43. 起电潜泵操作。

准备工作：

（1）正确穿戴劳动保护用品。

（2）设备准备：提升设备 1 套，井控设备 1 套。

（3）工（用）具、材料准备：起电潜泵管柱专用工（用）具 1 套，拆卸井口专用工具 1 套，液压油管钳 1 台，吊卡 2 只，900mm 管钳 2 把，300mm×36mm 活动扳手 2

把，电缆剪刀 1 把，万用表 1 块，ϕ35 ～ 40mm 金属棒 1 根（2.5m）。

操作程序：

（1）切断电源，从接线盒上拆下井下电缆的接线端子，测量井下电缆及机组的绝缘电阻。

（2）校正井架天车、游动滑车与井口是否三点一线，要求偏离不大于 5cm。

（3）卸下电泵采油树，做好起油管准备。

（4）将电缆滚筒摆在井架后面，距井口 5m 以外，中间摆好电缆防落地支架或垫板，电缆滚筒与井口和通井机连线成 30° ～ 40°。

（5）接好反循环洗井管线后，从井口向油管内投入 2.5m 长 ϕ30 ～ 40mm 金属棒，砸开泄油器（如有此装置）。

（6）用 60℃热水反洗井两周，洗出井内残油及黏结在油管、套管管壁上的蜡垢。

（7）在井架腰部吊装电缆导轮，电缆轴向中心线应与导轮、井口在同一平面上。

（8）用引绳将井口电缆从导轮穿过，引到电缆滚筒上拉紧排整齐。

（9）将提升短节接在锥体上，用 900mm 管钳上紧，卸掉顶丝，扣好吊卡，挂好吊环，慢慢上提油管，当锥体提出四通时，拆掉锥体上的电缆卡子。

（10）掰开锥体，拉出电缆。

（11）将锥体坐在套管四通的吊卡上，用管钳卸下锥体。

（12）继续上提油管，每当电缆卡子露出井口时，由 1 人扶住卡子，另 1 人用剪刀剪断卡子，同时由 1 人滚动滚筒，将电缆绕到滚筒上，电缆滚筒的滚动速度要与油管上提速度同步，且吊卡开口始终朝向油管电缆，油管上的电缆始终朝向滚筒。

（13）卸油管时，液压油管钳要用低速卸扣，当电泵露出井口时，将大扁电缆与小扁电缆分离开。

（14）将大扁电缆绑在引绳上，穿过导轮拉向滚筒。

（15）余下工作交电泵专业人员负责。

操作安全提示：

（1）雨天和风力大于5级时，不能进行起电泵作业，夜间起电泵要有充足的照明。

（2）剪电缆卡子时，不要剪破电缆。

（3）卸油管时，要打好背钳，避免井下管柱转动，使电缆绕在油管上。

（4）滚筒转动速度要与起油管速度同步。

（5）起泵操作时要防止电缆卡子或小件物体落入井内。

（6）起电缆时留出1m长度放在滚筒中心，其余的要求整齐排列在滚筒上。

（7）起泵时的异常情况应描述清楚。

44. 探人工井底（塞面、砂面、井底及井内落鱼顶）操作。

准备工作：

（1）正确穿戴劳动保护用品。

（2）设备准备：提升设备1套，井控设备1套。

（3）工（用）具、材料准备：900mm管钳2把，喇叭口1个，钢卷尺1把，液压油管钳1台，吊卡2只，铅油少许。

操作程序：

（1）按设计要求用管钳将喇叭口连接在下井的第一根

油管底部，下油管 5 根后，装自封封井器。

（2）当油管下至距预计人工井底（塞面、砂面、井底及井内落鱼顶）30 ～ 50m 时，缓慢下放管柱，同时，注意观察拉力表拉力变化情况。

（3）观察到拉力表显示的悬重有下降趋势时，停止下放，反复试探三次，最后一次使管柱停止不动，在井口没有完全下入井内的那根油管上与套管四通上法兰面平齐的位置，用铅油等打上明显标记。

（4）起出打上明显标记的那根油管，用钢卷尺测量出方入或方余，计算塞面（或砂面、井底或井内落鱼鱼顶）的深度：H= 油补距 + 油管累计长度 + 管柱配件长度。

操作安全提示：

（1）探人工井底下入的油管丈量要准确，数据要正确，快接近井底时，缓慢下放，禁止猛提、猛放。

（2）探完塞面后，将管柱上提 5 ～ 10m，装好井口，禁止将管柱停放在塞面、砂面、井底、鱼顶等位置上。

（3）若没有探到水泥塞面，应将管柱上提至原候凝位置，并循环洗井一周。

（4）探到井底（塞面、砂面、井底及井内落鱼鱼顶）后加压，探水泥塞面加压 30 ～ 40kN，探树脂塞面加压不超过 8kN，探砂面加压 10 ～ 20kN，探井底加压不超过 30 ～ 40kN，探井内落鱼鱼顶加压不超过 30kN。

45. 组配下井管柱操作。

准备工作：

（1）正确穿戴劳动保护用品。

（2）工（用）具、材料准备：ϕ73mm 油管 100 根，15m 钢卷尺 1 把，1m 长钢板尺 1 把，计算器 1 个，油管记录纸若干，笔 1 支，麻绳或铅油少许，下井工具 1 套，1m 长、2m 长、3m 长 ϕ73mm 短节各 2 个。

操作程序：

（1）用钢卷尺或钢板尺测量出下井工具的长度，并记录在原有的油管记录上。

（2）根据施工设计，确定油补距长度及下井管柱中的各个下井工具的深度。

（3）根据油管记录数据和所测量的下井工具长度，计算出设计管柱下井油管的总根数。

（4）根据下井工具的设计深度，计算出各工具之间的油管根数和所配的油管短节长度。

（5）根据施工管柱结构，画出结构示意图，并将下井工具名称及下井工具之间的油管根数以及各工具的完成深度标注在管柱结构示意图上。

（6）根据下井油管的先后顺序，清楚地将各个下井工具之间的油管根数在油管桥上数出来，然后分别在需连接工具的那根油管上用铅油或麻绳等物打上清晰明显的标记（一般长度较短的工具应接在油管尾端），并在配完下井管柱后，把多余的油管与下井油管分开。

（7）按配好的管柱顺序依次下井即可。

操作安全提示：

（1）管柱配备计算必须准确，计算顺序应正确。

（2）油管桥上摆放的油管顺序，必须与油管记录上的记录顺序一致。

（3）现场配下井管柱时，每数出一段工具与工具之间的油管根数均需在与工具连接的油管上打上明显的标记。

（4）把剩余不下井的油管，从油管桥上抬走，使其与下井油管隔开，以免多下或少下油管。

46. 连接地面压裂流程操作。

准备工作：

（1）正确穿戴劳动保护用品。

（2）工（用）具、材料准备：N80 以上钢级的油管和 N80 以上钢级的油管短节若干，压裂地面工用具 1 套，10m 长 ϕ19mm 的钢丝绳套 1 根，地锚和直径 13mm 钢丝绳套若干，大锤 1 把，900mm 管钳 2 把，25MPa 的压力表 1 块，钢丝刷 1 把，密封脂、密封带若干。

操作程序：

（1）连接普通水力压裂地面流程。

① 使用 N80 以上钢级的油管和 N80 以上钢级的油管短节连接地面压裂流程管线。

② 检查管线是否畅通、螺纹是否完好，全部地面工用具是否完好灵活，大锤手柄是否牢固可靠。

③ 确定管线走向、布局合理。按照井口油管→井口阀门→井口投球器→井口 120° 三通→ 120° 弯管→油管短节→高压活动弯头→循环三通→油管→酸化三通→油管→蜡球管汇→高压管汇→压裂车组的顺序连接流程。

④ 在井口套管头、井口压裂装置和游动滑车之间用 ϕ19mm 的钢丝绳套绷紧固定。

（2）连接 CO_2 压裂工艺地面流程。

① 在普通水力地面流程管线上留出二氧化碳地面流程管线接口。

② 二氧化碳地面流程管线前端安装单流阀，应采用旋塞阀作为截止阀。

③ 地面管线应用 N80 以上钢级新外加厚油管和外加厚

高压专用短节，地面管线应承压 60MPa 以上。

④ 每根地面管线应锚定，地锚深度 1.5m，使用直径 13mm 钢丝绳固定，采用开口冲长端三道绳卡子，压裂管汇也应锚定。

⑤ 管汇、线路、阀门等各连接部位应不渗不漏，试验压力达到 60MPa 以上。

操作安全提示：

（1）连接施工管线时，要在每根油管螺纹上涂上密封脂或缠密封带，螺纹要上紧，活接头要砸紧，砸管线时注意观察周围人员，避免造成伤害。

（2）要保证管线密封，不刺不漏，管线不准有 90° 的急弯，每隔 15m 左右要固定一个地锚。

（3）开关和活动部位应灵活好用，开关自如，符合工具设施的技术要求。

（4）高压管汇的连接方向为管汇进液管指向井口的方向。

（5）井口套管出口安装量程为 25MPa 的压力表，压力表应性能良好。

（6）如压裂施工设计要求套管平衡压力或反洗井，则用性能符合规定要求的水泥车与井口套管出口连接，连接好反洗井流程管线，按压裂施工设计要求备足清水及装清水和收集废液的容器，确保现场具备套管平衡压力或反洗井的能力。

47. 压裂施工操作。

准备工作：

（1）正确穿戴劳动保护用品。

（2）设备准备：压裂车组 1 套，提升设备 1 套，循环设备 1 套。

（3）工（用）具、材料准备：900mm 管钳 2 把，375mm×46mm 活动扳手 1 把，大锤 1 把，炮弹阀门专用扳手 1 把，防喷器专用扳手 2 把。

操作程序：

（1）连接压裂管汇与压裂车组：放空阀门与罐车之间连接水龙带，水龙带两端保险绳要固定。

（2）循环：关闭井口阀门，打开放空阀门，启动压裂车组对压裂管线循环，循环结束停泵。

（3）试压：关闭放空阀门，启动压裂车组对地面管线试压，试压结束停泵。

（4）试挤：打开放空阀门泄压，关闭放空阀门，打开井口阀门试挤，观察压力、井内管柱和下井工具的工作情况，出现异常立即停止试挤，分析原因，确定下一步措施。

（5）加砂（加陶粒）、替挤：挤开裂缝，按设计要求加砂（加陶粒）、替挤。压裂过程中专人观察套压变化，出现异常立即通知压裂现场指挥停止施工，分析原因，确定下一步措施。

（6）扩散压力：关闭井口阀门，扩散压力。按设计要求的时间扩散压力，防喷器及投球器应不刺不漏。

（7）释放油管压力：打开井口阀门释放油管内压力，油管泄压至无溢流。

（8）活动管柱：下放大钩松开上吊绳，卸掉大弯管、投球器，活动管柱。

（9）上提管柱（投球）：按照设计要求上提油管（按照设计要求投入相应规范大小的钢球），关闭放空阀门。施工下一层段，直至完成施工设计要求所有层位井段。上提油管时核对设计与油管记录，上提相应油管根数及米数。根据设计要求，在投球器内按由小到大顺序装入相应大小的钢球。

（10）扩散压力：关闭井口阀门，按照设计要求时间扩散压力。

（11）放行压裂车组：打开放空阀门释放地面管线压力，关闭压裂管汇阀门。压裂车组拆管线，驶离施工现场。

操作安全提示：

（1）压裂前保证地面管线与压裂管柱畅通，冬季施工要对地面管线、井口部位油管、阀门、防喷器进行加温解冻。

（2）压裂时除看井口、套压的人员，其他人员应远离高压区域（以井口 10m 为半径，地面管线两侧 10m 为高压区域）。

（3）压不开憋放或工序衔接时，作业队与压裂车组现场指挥沟通，由带班干部指挥统一口令、手势，开关阀门。

（4）活动管柱时井口严禁站人，专人观察地锚及绷绳受力情况。

（5）试挤的最高工作压力不可超过施工设计要求压力，排量要平稳。

（6）当工作压力达到压裂管柱的最高工作压力但不能压开地层时，应停泵，打开循环放空阀门放空，进行现场调查分析，确定下一步措施。如经过现场调查分析，确认各方面均无问题时，应重新启动压裂车进行压裂。

（7）观察套管压力时，如出现套压上升的情况，要停泵，进行现场调查、分析原因，再确定下一步措施。

（8）压裂后套管不许立即放喷返排，以防砂卡。

（9）放喷管线应安装在当地季节风向的下风方向，接出井口 30m 以远，通径不小于 50mm，放喷阀门距井口 3m

以远，压力表接在套管四通和放喷阀门之间，放喷管线如遇特殊情况需要转弯时，要用钢弯头或钢制弯管，转弯夹角不小于 120°，每隔 10 ～ 15m 用地锚或水泥墩固定牢靠。压井管线安装在上风向的套管阀门上。

（10）如要强制闭合返排，应按要求选择相应喷嘴控制放喷返排。

（11）若放喷管线接在四通套管阀门上，放喷管线一侧紧靠套管四通的阀门应处于常开状态，并采取防堵措施，保证其畅通。

48. 扩散压力、活动管柱操作。

准备工作：

（1）正确穿戴劳动保护用品。

（2）设备准备：提升设备 1 套，循环设备 1 套。

（3）工（用）具、材料准备：900mm 管钳 2 把，250mm×30mm 活动扳手 1 把，大锤 1 把，炮弹阀门专用扳手 1 把，防喷器专用扳手 2 把。

操作程序：

（1）扩散压力。

关闭井口阀门、放空阀门，保证防喷器及投球器不刺不漏，按设计要求的时间扩散压力。

（2）活动管柱。

① 检查拉力表或指重表，确认性能良好。

② 检查提升绳、井架、井架基础、绷绳、地锚桩等部位，保证完好紧固，并派专人看好地锚桩。

③ 释放油管压力：打开放空阀门泄油管内压力，油管泄压至无溢流。

④ 拆井口：下放大钩松开上吊绳，卸掉大弯管、投球器。

⑤ 上提油管活动管柱：反复上提下放管柱，将管柱活动开后，继续活动20min，确保封隔器充分解封（如果是压缩式可返洗系列管柱则要求活动开管柱后，继续活动20min，确保封隔器充分解封后，上提至未射孔井段，关闭油管阀门，观察套管溢流情况，确定下封收缩后，打开油管阀门，用清水反循环洗井一次，观察油管、套管无溢流后进行下一步工序）。管柱活动开后观察套压变化，控制放喷防止压力过高憋爆自封，小于3MPa打开防喷器半封起管柱。

操作安全提示：

(1) 活动管柱时，井口严禁站人，专人观察地锚及绷绳受力情况。

(2) 井口阀门开关失效无法泄压时，应采取相应措施泄压后活动管柱。

(3) 活动行程由小到大，最终行程不得小于5m。

(4) 活动负荷不得超过井内管柱悬重200kN。

(5) 操作要平稳，原则以加深下放活动为主，上提速度控制在0.5m/min以内，不可硬拔和猛提，下放时不能顿击井口。

(6) 应将压裂管柱充分活动开，保证管柱提放自如、拉力表或指重表显示的管柱悬重完全正常。

(7) 下列情况应停止活动管柱，现场查明原因并及时采取处理措施：

① 在规定的活动负荷内提不动管柱；

② 活动负荷上升快且行程不超过井内管柱长度的0.1%；

③ 活动中承载部位出现异常情况。

49. 带压起管柱操作。

准备工作：

（1）正确穿戴劳动保护用品。

（2）设备准备：带压设备1套。

（3）工（用）具、材料准备：液压钳1台，36in管钳2把，单根吊卡1只。

（4）油管接箍在下闸板防喷器以下，下闸板防喷器、环形防喷器关闭。

操作程序：

（1）油管接箍提至下闸板防喷器刚与下闸板防喷器触碰时停止上提，下放油管接箍0.1m。

（2）开平衡阀（平衡井筒与下闸板防喷器和环形防喷器之间压力），压力平衡后关平衡阀。

（3）打开下闸板防喷器。

（4）将油管接箍提至下闸板防喷器与环形防喷器之间。

（5）关闭闸板防喷器。

（6）开泄压阀（泄掉下闸板防喷器与环形防喷器之间压力），泄压后关泄压阀。

（7）将油管接箍提出环形防喷器至操作台面。

操作安全提示：

（1）油管接箍提至下闸板防喷器时操作平稳，缓慢上提，防止上提过快撞击造成防喷器闸板损坏。

（2）保证井筒与下闸板防喷器和环形防喷器之间压力平衡后，再打开下闸板防喷器。

50. 带压下管柱操作。

准备工作：

（1）正确穿戴劳动保护用品。

（2）设备准备：带压设备1套。

（3）工（用）具、材料准备：液压钳1台，36in管钳2把，单根吊卡1只。

（4）油管接箍在环形防喷器以上，环形防喷器关闭，下闸板防喷器打开。

操作程序：

（1）关闭下闸板防喷器。

（2）开泄压阀（泄掉下闸板防喷器与环形防喷器之间压力），泄压后关泄压阀。

（3）下放油管接箍穿过环形防喷器至环形防喷器与下闸板防喷器之间。

（4）开平衡阀（平衡井筒与下闸板防喷器和环形防喷器之间压力），压力平衡后管平衡阀。

（5）打开下闸板防喷器。

（6）将油管接箍下入井筒。

操作安全提示：

保证井筒与下闸板防喷器和环形防喷器之间压力平衡后，再打开下闸板防喷器，下放油管。

51. 带压工具段导出、导入操作。

准备工作：

（1）正确穿戴劳动保护用品。

（2）设备准备：带压设备1套。

（3）工（用）具、材料准备：液压钳1台，36in管钳2把，单根吊卡1只。

操作程序：

（1）带压工具段导入操作。

①打开安全防喷器（半封和全封）、工作下闸板防喷器、

环形防喷器，关闭工作上闸板防喷器、平衡泄压阀、固定防顶卡瓦、游动承重卡瓦和游动防顶卡瓦，确认井内管柱处于轻管柱状态。

② 将工具段连接在油管（短节）外螺纹端，对扣上紧，并使用专用吊卡并用绞车上提至上工作台，将工具段外螺纹端与游动承重卡瓦上方的油管接箍对扣上紧。

③ 打开游动承重卡瓦、游动防顶卡瓦。

④ 启动液动油缸，空载上行 3m，关闭游动防顶卡瓦、游动承重卡瓦，打开固定防顶卡瓦。

⑤ 下放液动油缸至连接盘距上工作台 0.2~0.3m，关闭固定防顶卡瓦，打开游动承重卡瓦、游动防顶卡瓦。

⑥ 重复步骤④⑤，至工具段处于上闸板防喷器上方，关闭安全防喷器半封闸板。

⑦ 打开泄压阀，泄掉安全防喷器与上闸板防喷器之间的压力，关闭泄压阀，打开上闸板防喷器。

⑧ 重复步骤④⑤，至工具段处于安全防喷器上方，关闭上闸板防喷器。

⑨ 打开平衡阀，平衡安全防喷器半封闸板上下空间的压力，关闭平衡阀，打开安全防喷器半封闸板。

⑩ 重复步骤④⑤，将工具段及油管下入井中，并使油管接箍处于游动承重卡瓦上方，关闭固定防顶卡瓦。

⑪ 重复步骤②～⑩，下入工具段。

（2）带压工具段导出操作。

① 关闭安全防喷器半封闸板、平衡泄压阀、固定防顶卡瓦、游动承重卡瓦和游动防顶卡瓦，打开泄压阀，泄掉安全防喷器与带压作业装置某个防喷器之间的压力（保证带压作业装置内压力为零），关闭泄压阀，确保井口装置的上闸

板防喷器、下闸板防喷器和环形防喷器都处于打开状态，管柱处于轻管柱状态。

② 关闭上闸板防喷器。

③ 打开平衡阀，平衡安全防喷器半封闸板上下空间的压力，关闭平衡阀，打开固定防顶卡瓦。

④ 启动液动油缸，上提管柱后关闭固定防顶卡瓦，打开游动承重卡瓦、游动防顶卡瓦。

⑤ 下放液动油缸至连接盘距上工作台水平面 0.2~0.3m，关闭游动承重卡瓦、游动防顶卡瓦，打开固定防顶卡瓦。

⑥ 重复步骤④⑤，至工具段处于安全防喷器下方，打开安全防喷器半封闸板。

⑦ 重复步骤④⑤，至工具段处于上闸板防喷器下方，关闭安全防喷器半封闸板。

⑧ 打开泄压阀，泄掉安全防喷器与上闸板防喷器之间的压力，关闭泄压阀，打开上闸板防喷器。

⑨ 重复步骤④⑤，至工具段处于游动卡瓦承重上方。

⑩ 关闭固定防顶卡瓦，安装专用吊卡，用绞车上提吊卡至已起出油管接箍的下方，卸掉油管及大直径工具后，用绞车将油管及工具段落至地面管桥上。

⑪ 重复步骤② ~ ⑩，导出工具段。

操作安全提示：

（1）工具不能过关闭的环形防喷器。

（2）合理选择升高短节，上、下工作防喷器长度应大于工具段长度。

（3）在无压差工况下才能开关闸板防喷器（环形防喷器）。

（4）使用吊卡时，操作手接到一岗位已经插好吊卡销的明确手势后方可上提绞车。

52. 带压试压操作。

准备工作：

(1) 正确穿戴劳动保护用品。

(2) 设备准备：带压设备1套，泵车1台，清水罐车1台（$10m^3$ 清水）。

(3) 工（用）具、材料准备：K344-115封隔器1个，115喷砂器1个，ϕ62mm双公丝堵1个，ϕ73mm外加大油管1根，36in管钳2把，单根吊卡1只，35MPa水龙带1条。

操作程序：

(1) 下入试压工具。

① 打开安全防喷器（半封和全封）、上闸板防喷器、环形防喷器，关闭安全防喷器2⅞in半封闸板、平衡泄压阀、固定承重卡瓦、游动承重卡瓦和游动防顶卡瓦。

② 对扣上紧试压工具外螺纹端与游动承重卡瓦上方的油管接箍；在地面管桥上的ϕ73mm油管本体上安装专用吊卡，并用绞车上提ϕ73mm油管至上工作台，与游动承重卡瓦上方的试压工具接箍对扣上紧，并回旋1/2圈；打开游动防顶卡瓦、游动承重。

③ 启动液动油缸，空载上行3m，关闭游动承重卡瓦、游动防顶卡瓦，打开固定承重卡瓦。

④ 下放试压工具至平衡泄压四通位置，关闭固定承重卡瓦，打开游动承重卡瓦、游动防顶卡瓦。

⑤ 关闭上闸板防喷器，打开平衡阀，平衡下闸板防喷器上下空间的压力，平衡阀保持打开状态，打开下闸板防喷器。

⑥ 空载上行3m，关闭游动承重卡瓦、游动防顶卡瓦，打开固定承重卡瓦。

⑦ 下放试压工具入井，试压工具入井（下过井口四通）不少于 5m，关闭平衡阀，确认上闸板防喷器处于关闭状态，关闭固定承重卡瓦。

（2）试压。

① 液控管线试压：远控箱打压至 21MPa，开启、关闭液控管线试压，稳压 10min，管线本体及接头无渗漏为合格。

② 放喷管线试压：放喷管线出口连接活接头、35MPa 水龙带，关闭套管防喷阀门，泵车缓慢打压，当泵车压力达到 10MPa 时停泵，对放喷管线试压，稳压 10min，压降小于 0.7MPa 为合格。

③ 安全防喷器试压：套管灌满清水，关闭安全防喷器半封闸板、套管防喷阀门，泵车缓慢打压，当套压达到 25MPa 时，对套管短节、井口四通、安全防喷器、防喷管线试压，稳压 10min，压降小于 0.7MPa 为合格。

④ 带压作业装置试压：关闭放喷阀门，打开安全防喷器$2\frac{7}{8}$in 半封闸板，关闭带压设备下快速闸板，泵车继续缓慢打压，当套压达到 25MPa 时停泵，对带压设备及井口四通、安全防喷器、带压作业装置连接部位进行试压，稳压 10min，压降小于 0.7MPa 为合格；关闭放喷阀门，打开带压设备下快速闸板，关闭带压设备上快速闸板，泵车继续缓慢打压，当套压达到 25MPa 时停泵，对带压设备上快速闸板部位进行试压，稳压 10min，压降小于 0.7MPa 为合格。

操作安全提示：

（1）水龙带与泵车及井口连接部位使用安全绳连接牢固。

（2）试压期间人员远离高压区，距离高压区 30m 以上。

（3）拆卸液压管线前，必须确认压力已完全泄掉。

53. 安装带压作业装置操作。

准备工作：

（1）正确穿戴劳动保护用品。

（2）设备准备：带压设备 1 套，50t 吊车 1 台。

（3）工（用）具、材料准备：ϕ22mm 吊装索具 1 副，M36 螺栓 3 套。

操作程序：

（1）吊车主钩挂住 ϕ22mm 吊装索具，然后用 ϕ22mm 吊装索具挂好辅助千斤，保证其牢固可靠，缓慢升起吊臂旋转吊臂，将辅助千斤放在合压井口装置上对好螺栓孔（对螺栓孔时人员严禁站在辅助千斤下方，人员站在安全距离使用两根牵引绳调整位置和角度）。

（2）上全、上紧连接合压井口装置与辅助千斤的螺栓。

（3）吊车主钩挂住固定于带压作业装置上工作台两侧的专用锁具，保证其牢固可靠，拆除设备底船上的固定销，卸开带压设备与设备底船的连接螺栓，将固定设备的 4 道绷绳向对应的地锚桩的方向展开，将带压装置缓慢从底船上抬起，至带压装置达到直立状态。

（4）旋转吊臂，将带压作业装置吊离底船，与辅助千斤相连接，找平找正，对准上下螺栓孔（对螺栓孔时人员严禁站在带压装置下方，使用两根牵引绳调整位置和角度）。

（5）将带压设备绷绳与绷绳墩连接后调整松紧度。

（6）上全、上紧连接带压装置与辅助千斤的螺栓。

（7）摘掉挂在吊车主钩上的专用锁具。

（8）用吊车将桅杆绞车系统吊起，将桅杆下部铰链与下部检修平台铰链对准，稳定吊钩，用销轴连接牢靠。

（9）同步骤（8），将桅杆中部铰链与上部操作平台铰链连接牢靠。

（10）桅杆上 4 道绷绳与绷绳墩连接后进行松紧调整。

（11）将逃生杆、液压大钳吊至操作台面，按照标准固定好。

操作安全提示：

（1）必须使用 ϕ22mm 钢丝吊索。

（2）在吊装过程中施工人员远离吊车吊臂旋转半径。

（3）在吊装过程中使用 2 条牵引绳对角牵引，保持吊装过程中带压设备平稳。

54. 连续油管启车前检查操作。

准备工作：

（1）正确穿戴劳动保护用品。

（2）设备准备：连续油管车 1 套。

操作程序：

（1）检查连续油管操作室内操作面板。

（2）启动前检查连续油管设备发动机。

（3）环境温度高于 0℃，启车前检查：

① 确认液压系统主油泵开关处于泄压位置。

② 确认注入头泵开关处于泄压位置。

③ 确认储能器压力开关处于“开”的位置。

④ 确认优先控制压力处于“开”的位置。

⑤ 确认操作室升降手柄处于“停止”位置。

⑥ 确认滚筒方向阀开关处于“进井（IN）”位置。

⑦ 确认滚筒刹车开关处于“打开（ON）”位置。

⑧ 确认滚筒压力控制设置旋钮在最小刻度（逆时针旋出）。

⑨ 确认滚筒润滑油开关处于“关闭（OFF）”位置。

⑩ 确认注入头方向控制开关处于“中心（CENTER）”位置。

⑪ 确认注入头压力控制设置旋钮处于最小刻度（逆时针旋出）。

⑫ 确认注入头链条润滑油开关处于“关闭（OFF）”位置。

⑬ 确认储能器供给压力开关处于“关闭（OFF）”位置、储能器阀手柄处于“打开（OPEN）”位置。

⑭ 确认发动机油门开关处于低怠速位置。

⑮ 确认注入头夹紧压力和链条张紧压力阀处于泄压位置。

⑯ 确认动力模块泵调压阀处于“关（OFF）”位置。

（4）环境温度低于 0℃，启车前的检查：

① 打开液压油箱上流体循环阀。

② 按温度高于 0℃启动前步骤进行检查。

③ 打开优先控制阀，液压系统循环，预热液压油，控制油门使发动机转速在 1500r/min 以下运转。

④ 确认液压油箱温度达到 37℃（100ºF）以上，进行液压系统操作。另外，环境温度低于零下 20℃（68ºF）时，启动底盘预热，使用外部 220V 交流电源直接对液压油箱的自备电加热器辅助加热。液压油最高温度不应超过 80℃（176ºF），关闭储能瓶针形阀，确认储能器压力达到 19.6MPa（2800psi）。

操作安全提示：

（1）施工前应召集作业人员进行安全教育，对风险进行评估，制定应急预案，对人员进行责任分工。

（2）井场作业范围内围拉警戒线，竖立警示牌，且风向标配置到位，逃生路线清晰醒目。

（3）作业人员穿戴好劳保用品，无关人员应撤离。

（4）夜间施工应有良好照明。

55. 连续油管停机操作。

准备工作：

（1）正确穿戴好劳动保护用品。

（2）设备准备：连续油管车 1 套。

操作程序：

（1）检查连续油管操作室内操作面板。

（2）检查连续油管设备参数。

（3）正常停机操作：

① 油管起出后，注入头马达泄压，注入头方向控制阀调至中间位。

② 刹住滚筒，泄掉张紧压力。

③ 关闭滚筒润滑阀，泄掉防喷盒压力。

④ 将发动机转速降到怠速状态，停机作业完成。

（4）紧急停机操作：

按下紧急停车按钮，使设备快速停止运转。

操作安全提示：

（1）停机后，作业人员切断发动机控制电源和控制室强电、弱电，关好门窗。

（2）仔细检查场地，将相关工具收拾安放至指定区域。

（3）核查相关运转记录、操作记录是否填写准确齐全。

56. 下放连续油管操作。

准备工作：

（1）正确穿戴好劳动保护用品。

（2）设备准备：连续油管车 1 套。

操作程序：

（1）检查连续油管操作室内操作面板。

（2）检查连续油管设备发动机启动前参数。

（3）明确人员岗位分工，对讲机确认各岗就位。

（4）启动发动机，调节发动机油门，使油门加大（注意缓慢调节）至 1500r/min，关闭辅助泵泄压开关。

（5）打开防喷器的供油阀，使之加压。

（6）开始时，张紧压力在 300psi，夹紧压力在 500 ～ 600psi，在施工过程中根据需要建压（参考说明书的数据表并适当比说明书高 50 ～ 100psi）。

（7）注入头控制为进井方向，滚筒控制为出井方向。

（8）打开注入头润滑阀及滚筒润滑开关，根据需要点按各自的润滑控制按钮进行润滑，根据情况适当调注入头马达速度。

（9）调整排管器至适当高度。

（10）打开井口，一定要缓慢打开，并记住打开井口阀门时手柄转动的圈数。

（11）开始下油管，作业时根据井口压力调整防喷盒压力，确保防喷盒处不会产生泄漏。

（12）开始缓慢运行油管，同时注意指重表，运行正常后，根据需要调整油管运行的速度。

（13）下推油管时发现异常情况时，先停止下放油管，将油管上提 5 ～ 10m，分析原因，再缓慢下推油管，记录下油管时的重量和注入头马达的压力。

操作安全提示：

（1）下连续油管时，随时观察指重表、井口压力表、循环压力表和计数器及发动机仪表上各个参数的变化，发现异常时及时停止作业，进行检查处理。

（2）每下 300 ～ 500m 做一次上提试验，记录下悬重和提升力以及马达的压力。

57. 上提连续油管操作。

准备工作：

（1）正确穿戴好劳动保护用品。

（2）设备准备：连续油管车 1 套。

操作程序：

（1）检查连续油管操作室内操作面板。

（2）检查连续油管设备发动机启动前参数。

（3）明确人员岗位分工，对讲机确认各岗就位。

（4）加大油门至 1500r/min，根据需要打开油管润滑阀使机油润滑油管。

（5）调注入头马达与滚筒马达压力，使滚筒压力能够满足注入头起管速度的需要，滚筒控制为出井方向，注入头控制为出井方向，滚筒压力调到 800 ～ 1000psi，根据井口压力调整防喷盒压力。

（6）注入头内夹紧压力根据油管深度的减少而逐级减少。

（7）提升油管快接近井口时，降低起管速度，连续油管末端距井口 100m 时，连续油管上提速度应降到 10m/min 以下；连续油管末端距井口 50m 时，连续油管上提速度应降到 5m/min 以下；连续油管末端距井口 25m 时，连续油管上提速度应降到 2.5m/min 以下。

操作安全提示：

（1）提出井口后关闭井口阀门时，根据所记录的旋转圈数关闭阀门以保证阀门完全关闭。

（2）起连续油管时，随时观察指重表、井口压力表、循环压力表和计数器及发动机仪表上各个参数的变化，发现异常时及时停止作业，进行检查处理。

58. 更换连续油管防喷盒密封件操作。

准备工作：

（1）正确穿戴好劳动保护用品。

（2）设备准备：连续油管车 1 套。

（3）工（用）具、材料准备：防喷盒胶芯 1 套，安全带 1 套。

操作程序：

（1）连接管线到防喷盒前后两个接口，打开防喷盒外窗。

（2）关闭防喷盒排压，防喷盒调到“开小（PACK）”的位置。

（3）调节防喷盒压力（启动气泵）并观察，防喷盒内部钢套打开后右旋关闭打气泵。

（4）安装新的胶筒时注意保持各层的同轴度，相邻两层胶筒的缝隙应相互垂直。

（5）观察确认胶筒和其他元件对齐。

（6）新胶筒更换完毕后，防喷盒调到“开大（RETRACT）”位置。

（7）启动打气泵，待内部钢套封闭完毕时，右旋关闭打气泵，关闭外窗。

操作安全提示：

（1）拆卸液压管线前，必须与操作室确认压力已完全泄掉。

（2）更换密封胶芯时每次拆下一片，装上一片，严禁同时拆下两片。

（3）若需要高处作业，应开具相关高处作业票据。

59. 使用自吸罐操作。

准备工作：

（1）正确穿戴劳动保护用品。

（2）设备准备：自吸罐 1 台。

（3）工（用）具、材料准备：10~30mm 梅花扳手 1 套，棉纱 0.5kg。

操作程序：

（1）设备检查。

① 检查确认电源线路及配电箱能够正常工作，防爆插头插接到位，电动机转向正确、地线已经正常安装。

② 检查确认自吸罐尾部阀门已经关闭，上下端盖密封点连接密封可靠，吸污管与罐体接头卡紧。

③ 检查确认真空泵进出气管线连接可靠，连接点无异常摆动情况，或连接胶管卡子卡紧，各部控制阀门正常开启或关闭，出气口附近无障碍物阻挡。

④ 检查确认污水泵、柱塞泵、罐体、连接管线无污油、污水渗漏。

⑤ 检查确认液位计能正常工作，且罐内液位低于最高液位。

（2）启动操作。

① 启动真空泵前打开操作间门，避免出气管路有漏点，造成可燃气体聚集及操作间内产生过高温度。

② 启动真空泵后要注意观察罐体及操作间内的各部密封点有无吸气声响，发现问题应及时处理，避免造成吸入效率降低。

③ 吸入污油、污水，尽量避免吸入可能产生过量沉淀的泥砂，最大程度减少这些物质在罐体内的沉积，以免频繁清罐产生更多的维护费用，或造成冬季加热装置失效。

(3) 吸入污油、污水接近最高液位时，及时停止真空泵运转，避免吸入污油、污水。

(4) 采用柱塞泵外排污油、污水前，检查确认挂合挡位正确、外排阀门打开、外排管线无堵塞。

(5) 冬季使用柱塞泵外排污水后及时清理泵头和管线内残留的污油、污水，以免冻坏泵头及管线，同时检查密封浮球导向体是否完好。

操作安全提示：

(1) 发现罐体内已经有过量沉淀物时，应尽可能采用回收装置自身已有的反清洗系统清洗，不得进入受限空间内进行人工清除，避免有毒有害气体可能对人体的伤害。

(2) 不得在真空泵出气管线出气位置进行电气焊工作，以免点燃抽吸聚集的可燃气体，造成闪爆和火灾。

(3) 在对操作间内的配电箱、电动机及其他电气部件进行维护后，要按照标准对各部连接点做好密封，以实现正常的防爆功能。

(4) 与高压清洗装置一体结构的自吸罐应摆放在距离井口 30m 开外的位置，避免不防爆电器进入作业现场。

60. 使用液压猫道操作。

准备工作：

(1) 正确穿戴劳动保护用品。

(2) 设备准备：液压猫道 1 台。

（3）工（用）具、材料准备：适合准备的液压猫道各部连接销使用的开口销若干，棉纱 0.5kg。

操作程序：

（1）设备检查。

① 检查确认液压油箱油位在标准位置（油窗 2/3 以上），油质未乳化变质，油箱呼吸口盖齐全完好。

② 检查确认电源线路正常，防爆插头插接到位，地线已经正常安装，电动机及电磁阀未黏结油污。

③ 检查确认起升、伸缩及翻转液压缸前后连接销连接可靠，翻转钩连接销安全销安装到位。

④ 检查确认起升臂尾座连接点、伸缩臂扶正轮、液压缸扶正托架连接安全可靠。

⑤ 检查确认猫道与操作平台对正，底座调平。

⑥ 确认猫道基础牢固可靠，能可靠支撑自身重量，以免工作过程中一侧基础下陷使管柱送进位置与需要位置产生过大偏差。

（2）送管或收管操作。

① 液压泵启动后检查确认液压系统无异常声响或振动，液压管路、液压缸及液压阀件无渗漏情况，液压油压力达到正常要求（冬季应断开液压油风冷系统）。

② 通过手动操作试起升、下放和伸缩，检查确认猫液压系统能正常工作。

③ 通过遥控操作试起升、下放和伸缩，检查确认猫道遥控系统能够正常工作，必要时将信号接收天线从配电防护箱内移出。

④ 通过液压猫道伸缩臂快速伸缩使油管或钻杆下滑到滑道尾端，以便油管快速回收。

操作安全提示：

（1）操作人员在猫道操作过程中应注意力集中，不得将伸缩臂过量伸出，以免管柱或伸缩臂本体伤及平台或井口操作人员。

（2）起放管柱过程中操作人员不得站在液压猫道的正后方，以免管柱从V形槽脱出伤人。

（3）猫道检修维护或更换液压油时，在没有采取可靠支撑措施的情况下，起升臂起升后，操作人员不得站在其下方进行操作，以免起升臂下落伤人。

（4）冬季施工过程中要及时清理V形槽内的结冰，以免起升或伸缩过程中由于振动管柱从其中滑出掉落伤人。

（5）甩管柱过程中地面人员不得站在猫道与支架上的管排间，以免快速滚动的管柱伤人。

（6）猫道不得举升过重的其他部件或同时举升几根管柱，以免部件或管柱脱出伤人，不得用伸缩臂拖拽其他重物。

（7）做好电动机及电磁阀的防护工作，防止无油污水溅落带电部件表面，使线路过早老化开裂，严重时造成漏电伤人。

（8）在起升臂液压缸或伸缩臂液压缸不能正常缩回时，不得采用拆卸管线的形式让液压油流出使起升臂或伸缩臂快速缩回。

（9）举升管柱前应确认其已经被V形槽控制，前端悬出部分不宜过大，以免异常翘起跌落。

（10）在翻转钩下落后方可起升起升臂，杜绝两者可能产生的干涉，以免造成部件损坏。

（11）猫道起升臂举升停止后，如果发现起升液压缸存在自动回落情况，应停止工作，对液压缸进行排空测试，或拆检更换液压缸活塞密封件或控制液压阀件密封件。

（12）甩管柱前应确认横担臂与油管架连接可靠，管柱下滑时两者无脱开的可能。

（13）甩管柱时下放猫道起升臂不得过猛，以免起升臂与底座异常冲击。

（14）入秋前应检查排除液压油箱存在的凝结水。

61. 冬季柴油机启动和运行操作。

准备工作：

（1）正确穿戴劳动保护用品。

（2）设备准备：作业机1台。

（3）工（用）具、材料准备：10～30mm开口扳手1套，万用表1块，棉纱0.5kg。

操作程序：

（1）设备检查。

① 检查确认润滑油油位和冷却水水位正常。

② 检查确认风扇皮带松紧度正常。

③ 检查确认外观各连接件齐全，连接牢固可靠。

④ 检查确认电瓶电压正常，搭铁开关已经挂合。

⑤ 检查确认润滑油已经预热到规定温度。

⑥ 检查确认燃油油量正常，用手油泵泵起油压。

（2）启动操作。

① 按下启动按钮启动柴油机，三次启动失败应停止启动，查明原因。

② 启动后观察确认柴油机润滑油压力正常，密封点无漏油、漏水情况。

③ 启动后检查确认冷却水水位正常、冷却水循环正常。

④ 启动后检查确认柴油机运转无异常响声。

⑤ 启动后观察确认柴油机排烟正常。

（3）运行操作。

① 调整柴油机怠速至 600r/min，当柴油机出水温度达到 20℃时调整转速至 900r/min。

② 当柴油机出水温度达到 40℃时挂合变速箱低挡位，让柴油机后部传动设备慢速运转。

③ 当柴油机出水温度达到 60℃时方可带负荷操作。

操作安全提示：

（1）冬季寒冷条件下柴油机预热后方可启动。

（2）柴油机严禁带挡启动或停机。

（3）三次启动失败必须查明原因，以免造成运转部件损坏。

（4）寒冷条件下，柴油机启动后不得直接带负荷运转。

（5）严禁柴油机长时间怠速状态下运转。

（6）柴油机运转中出现较大异常响声时，要立即停机排查故障原因。

（7）严禁柴油机在缺缸状态下带负荷长时间运转。

（8）严禁柴油机在润滑油压力过低的情况下带负荷运转。

（9）当柴油机出现缺水高温情况时，严禁直接向水箱内加注冷却液。

62. 作业机立井架操作。

准备工作：

（1）正确穿戴劳动保护用品。

（2）设备准备：作业机 1 台。

（3）工（用）具、材料准备：10 ～ 30mm 梅花扳手 1 套，

10 ～ 16mm 六角扳手 1 套，棉纱 0.5kg。

操作程序：

（1）设备检查。

① 立井架前检查确认井架及相连部件齐全、连接牢固可靠，液压油箱油位在标准油位范围内。

② 挂合液压泵后检查确认液压系统压力达到起升井架要求（11MPa）。

③ 打开 C 阀充分空循环液压系统，排出系统内可能存在的空气。

④ 扭松一节井架起升液压缸排空丝堵，向液压缸内缓慢注入液压油，排出液压缸内可能存在的空气，待排空丝堵处无气泡后扭紧排空丝堵。

（2）起升井架。

① 将一节井架试起升到 300mm 高度静止 5min，最后检查确认起升系统无漏油和井架自动下落情况，然后回落井架。

② 操作液压阀将一节井架缓慢升起，当井架起升接近垂直状态时，应放慢起升速度，将井架缓慢放坐在 Y 形支腿上，然后锁紧井架与 Y 形支腿两侧连接螺栓。

③ 拧松二节井架起升液压缸上端排空丝堵，并向液压缸内缓慢注入液压油，排出液压缸内可能存在的空气，待排气丝堵处无气泡后扭紧排空丝堵。

④ 缓慢起升二节井架至高于回坐点 300mm 位置，待马蹄脚完全张开后回坐二节井架（二节井架正常起升液压压力 11MPa）。

⑤ 挂负荷绷绳后，调整负荷绷绳垂度为 150 ～ 250mm，防风绷绳垂度为 250 ～ 350mm。

操作安全提示：

（1）井架起升应由专人操作、专人指挥，并在修井机两侧设有观察点。

（2）绷绳及大绳与作业机部件刮碰时应停止井架起升，操作人员处理完绷绳刮碰点并离开作业机后方可继续起升井架。

（3）井架起升过程中两侧踏板上除起升操作人员外，其他人员不得在踏板上行走或站立。

（4）一节井架起升接近 90° 时，必须减慢井架前倾速度，以免造成冲击。

（5）用千斤调整大钩垂点时，应确认垂点井口中心线偏差不大于 10mm，井架侧向倾斜角度不大于 0.5°。

（6）在井架试起升过程中如果发现液压缸有渗漏或井架有自动回落情况，应检查维修后再继续起升正常操作。

（7）起升二节井架时液压系统最高压力不得超过 14MPa。

二、常见故障判断处理

1. 砂卡有什么现象？原因有哪些？如何处理？

现象：

在油水井生产或作业过程中，地层砂或工程砂埋住部分管柱，使管柱不能正常提出井口。

原因：

（1）在油井生产过程中，由于地层疏松或生产压差过大，油层中的砂子随油流进入油套管环空后逐渐沉淀，造成砂埋一部分管柱形成砂卡。

（2）冲砂作业时，由于排量不足，洗井液携砂能力差，不能将砂子洗出或完全洗出井外造成砂卡。施工中由于液量不足冲砂进尺太快，接单根时间过长，因故不能连续施工，都会造成砂子下沉埋住管柱而卡钻。

（3）压裂施工中，由于管柱深度组配不合理，砂比过大，压裂液液性不合格及压裂后无控制放压也会造成砂卡。

处理方法：

（1）活动管柱解卡：对砂桥卡钻或卡钻不严重的井可提放反复活动钻具，使砂子受振动疏松下落解除；砂卡较严重的可在设备负荷和井下管柱强度许可范围内大力上提悬吊一段时间，再迅速下放，反复活动解除砂卡，解卡前，必须认真检查设备，保障各部位可靠、灵活好用，每活动 10 ～ 20min 应稍停一段时间，以防管柱疲劳断脱。

（2）憋压循环解卡：发现砂卡立即开泵洗井，若能洗通则砂卡解除，如洗不通可采取边憋压边活动管柱的方法。憋压压力应由小到大逐渐增加，不可一下憋死，憋一定压力后突然快速放压同时活动管柱效果会更好。

（3）连续油管冲洗解卡：用连续油管车将连续油管下入被卡管柱内，下到砂面附近后开泵循环冲洗出被卡管柱内的砂子，深度超过被卡管柱深度后，继续冲洗被卡管柱外的砂子逐步解除砂卡。

（4）诱喷法解卡：地层压力较高的井发生砂卡可采用此种方法，用诱喷的方法使井能够自喷。通过放喷使砂子随油气流喷出井外，从而起到解卡的目的。

（5）套铣筒套铣：套铣就是在取出卡点以上管柱后，其他措施无效或无明显作用时，采用套铣筒等硬性工具对被卡落鱼进行套铣，清除掉卡阻处的落鱼，以解除卡阻。

2. 落物卡有什么现象？原因有哪些？如何处理？

现象：

在起下钻施工中，井内落物把井下管柱卡住造成不能正常起下钻柱施工的事故。

原因：

（1）井口未装防落物保护装置造成井下落物。

（2）施工人员责任心不强，工作中马虎，不严格按操作规程施工，造成井下落物。

（3）井口工具质量差，强度低，在正常施工时造成井下落物。

处理方法：

（1）解除落物卡钻切忌大力上提，以防卡死或损伤套管。

（2）根据落物形状大小及材质，考虑把落物拨正后能否从环空落下去或能否靠管柱提放、转动将其挤碎。如果可能，可慢慢提放、转动管柱，将落物拨正落到井底或将其挤碎，达到解卡的目的。

（3）如果被卡管柱下面有较大工具（如封隔器等），落物从任何角度都无法通过环空，并且落物材质坚硬不易挤碎，轻提慢放转动管柱无效，可测算卡点深度，将卡点以上管柱倒出，根据落物形状、大小选择合适的工具（如强磁打捞器、一把抓等）将落物捞出，如捞不出可选择尺寸合适的套铣筒将其套掉，再捞出落井管柱。

（4）如落物不深且不大（如钳牙、螺栓等），可采用悬浮力较强的洗井液大排量正洗井，同时上提管柱，把落物洗出井外后使管柱解卡。

3. 套变卡有什么现象？原因有哪些？如何处理？

现象：

井下管柱、工具等卡在套管内，用与井下管柱悬重相等或稍大一些的力不能正常起下作业。

原因：

（1）对井下套管情况不清楚，错误地把管柱、工具下在套管损坏处。

（2）在油水井生产过程中，泥岩膨胀、井壁坍塌造成套管变形或损坏而将井下管柱卡在井内。

（3）构造运动或地震等原因造成套管错断、损坏发生卡钻。

（4）在井下作业及增产措施施工中，操作或技术措施不当造成套管损坏而卡钻。

处理方法：

（1）首先将卡点以上的管柱起出，可采取倒扣、下割刀切割或爆炸切割等方法。然后探视、分析套管损坏的类型和程度，可以通过打铅印、测井径、电视测井等方法来完成。根据探视结果制定切合实际的处理方案。

（2）一般变形不严重的井，可采取机械整形（胀管器、滚子整形器）或爆炸整形的方法修复套管达到解卡目的。

（3）如变形严重，以上方法不能使用，可下铣锥或领眼高效磨鞋进行磨铣以打开通道解卡。如此种方法对套管造成损伤或套管破裂，可通过套管补贴进行补救。

4. 液压钳故障有什么现象？原因有哪些？如何处理？

现象：

（1）上卸扣时打滑。

（2）上卸扣速度过慢。

（3）开口齿轮不能复合，与壳体的缺口对不准。

（4）钳牙不闭合，咬住管子后松不开。

（5）排挡杆不灵。

原因：

（1）钳牙磨损；钳牙槽被脏物堵塞；制动盘被油污染；制动盘调节螺钉松动或弹簧过软或制动盘严重磨损。

（2）动力转速过低；液压油黏度太高；油泵吸空；油泵或液压马达严重磨损；滤网严重堵塞；节流拉杆调得不合适。

（3）复位机构调整不当。

（4）方向杆与摇杆的位置不对；制动盘弹簧断裂或弹簧调节螺钉过松或脱落；腭板及滑道被脏物卡住。

（5）排挡杆的变速拨叉定位调整螺钉太紧或太松；在液压钳未减速时换挡。

处理方法：

（1）更换新牙；清洗脏物；将油清洗干净；扭紧松动的制动盘调节螺钉，更换标准弹力的弹簧及磨损严重的制动盘。

（2）提高动力转速；换油或给油加温；排除液压泵及液压管线内的空气；更换严重磨损的油泵或液压马达；清理滤网；按标准调整节流拉杆和三位四通阀行程。

（3）调整复位机构。

（4）重调方向杆、摇杆，使之对应，上扣对上扣，卸扣对卸扣；调整制动盘调节螺钉或更换新弹簧；清除脏物，保持良好润滑。

（5）调紧调节螺钉，使之松紧适度；在低速时变挡。

5. 试抽憋泵时泵效不好有什么现象？原因有哪些？如何处理？

现象：

（1）上冲程起压，下冲程降压。

（2）下冲程起压，上冲程降压。

（3）试抽憋泵稳不住压力。

（4）试抽无泵效。

原因：

（1）固定阀漏失。

（2）活塞未进泵筒或只进一小部分；装有脱接器的井脱接器未对接上；游动阀漏失；抽油杆断脱。

（3）流程阀门不严；油管头或密封填料损坏；偏心井口弹子盘损坏；油管螺纹漏失或油管有砂眼。

（4）油管、抽油杆断或脱；脱接器未对接上；油管螺纹漏失严重或本体有裂缝、孔洞；活塞未提出泵筒释放或打入压力不够致使内防喷工具未开，带井下开关的井开关未打开；套管弯曲，油管内有蜡、垢，活塞未泵入泵筒；生产阀门未关，憋泵装置阀门未打开。

处理方法：

（1）大排量反洗井；活塞提出泵筒正打压。以上方法无效起出管柱检查。

（2）重新探底核实泵底；重新对接脱接器，对接时可转动方向；大排量反洗井；抽油杆对扣。以上方法无效起出管柱检查。

（3）检查确认流程阀门关严；更换油管头、密封填料或弹子盘；起出泵管柱检查螺纹及油管，涂好密封胶重新下泵管柱。

（4）核实管柱深度；重新对接脱卡器；起出管柱检查并更换损坏部件；无脱卡器的，将活塞提出泵筒，重新按规定压力释放活堵；核实确认后重新调整使活塞进入泵筒；关闭生产阀门，打开憋泵装置阀门。以上方法无效起出管柱检查。

6. 管柱下井过程中遇阻有什么现象？原因有哪些？如何处理？

现象：

（1）管柱缓慢下行后不动。

（2）突然遇阻上提无夹持力，井口又无溢流。

（3）管柱下行过程中突然遇阻，缓慢上提下放或转动无效，而且上提时有轻微的夹持力。

（4）下大直径工具在井口遇阻。

（5）带有封隔器的管柱突然遇阻。

（6）刮蜡、通井、刮削管柱遇阻。

原因：

（1）蜡阻。

（2）如压井可能是泥浆帽或者是蜡帽阻。

（3）可能是套管变形。

（4）可能是套管短节处卷边或变形。

（5）封隔器坐封或套管变形错断。

（6）蜡阻或套管变形。

处理方法：

（1）根据管柱性质直接洗井或起出下刮蜡管柱。

（2）根据管柱性质直接洗井或起出下刮蜡管柱。

（3）起出打印或测井落实套管技术状况。

（4）检查套管短节内径与下井工具的外径是否匹配，

如有问题可换短节；如轻微卷边或变形，可下适合的中间胀管器进行挤胀。

（5）起出后检查封隔器是否坐封，如有划痕或变形，打印或测井落实套管技术状况。

（6）洗井无效后起出，如无变形、划痕，应更换下一级工具；如有划痕或变形，打印或测井落实套管技术状况。

7. 油井蜡堵有什么现象？原因有哪些？如何处理？

现象：

作业洗井时打压到一定压力后洗不通；光杆遇阻。

原因：

（1）油井在生产过程中，在油层高温、高压条件下，蜡溶解在原油中。当原油流入井筒后，从井底上升到井口的过程中，压力和温度逐渐降低，蜡就从原油中析出，黏附在管壁上，使油井井筒结蜡。

（2）管理不善、加药或洗井不合理也可能造成油套管结蜡；长时间关井也可能造成结蜡，严重时会把井筒堵死。

处理方法：

（1）解堵时首先要保证地面管线连接紧固，做到不刺不漏，不能接软管线，管线能固定尽量固定牢固；出口不能进干线，防止洗通后将死油洗进干线将干线堵死。

（2）安装好适当压力级别的抽油杆防喷器，将抽油泵柱塞提出泵筒，关好防喷器，倒好反洗流程。

（3）由专人指挥并观察压力，其他人员远离高压区域。解堵时水泥车要用低挡小排量，压力不能过高（保持在15MPa 以下），同时观察进出口情况。如有注入量，继续保持压力、保证水温平稳注入，直至压力有下降显示、出口见洗井液时可逐渐加大排量，直至解通再大排量洗井。切忌水泥车猛打快起压。

（4）如上述方法无效，可进行起抽油杆操作，如在起的过程中发现有溢流，可关好防喷器后重新洗井。按解堵方法进行解堵，如解堵失败可再起抽油杆。起的过程中，可用作业机低速挡缓慢起抽油杆，操作人员在挂好吊卡后撤离井口。起抽油杆时要随时观察拉力表变化，随时观察井口，发现有溢流显示时，立即控制好井口进行洗井。抽油杆全部起出后再洗井解堵。

（5）抽油杆起出后洗井解堵无效时，请示有关部门后，可进行起油管操作。

（6）起管前将安装好合适压力级别的油管防喷器，如负荷不超过管柱允许最大载荷，可缓慢用作业机低速挡起出油管，操作人员在挂好吊卡后撤离井口。起油管时要随时观察拉力表变化，随时观察井口，发现有溢流显示时，立即控制好井口进行洗井。

（7）如负荷超过管柱载荷，可在油管内下小直径管冲洗后，再进行反洗井。切忌大负荷起油管，容易造成其他井下事故。

（8）起出油管后，按套管刮蜡的方法除蜡后再进行下一道工序。

8. 提升大绳跳槽有什么现象？原因有哪些？如何处理？

现象：

（1）提升大绳在天车跳槽，但大绳可自由活动。

（2）提升大绳卡死在天车两滑轮之间，且大绳不能自由活动（活绳没有卡死）。

（3）提升大绳在游动滑车内跳槽，但大绳仍能自由活动。

（4）提升大绳跳槽后，卡死在游动滑车内，且大绳不能自由活动。

原因：

（1）防跳装置变形或损坏。

（2）下管柱时速度快，突然遇阻；操作不当或刹车失灵顿井口。

（3）拔负荷时，管柱突然断脱，大绳弹起。

（4）冬季天车或游动滑车的轮不转或不灵活，天车或游动滑车轮内有死油。

处理方法：

（1）针对原因（1），处理方法如下：

① 把游动滑车用钢丝绳固定在井架上。

② 通井机挂倒挡放大绳，使大绳解除负荷。

③ 操作人员系安全带在井架天车平台处用撬杠把跳槽的大绳拨进天车槽内。

④ 慢提游动滑车，待大绳承受负荷后刹住刹车。

⑤ 卸下把游动滑车固定在井架上的钢丝绳与绳卡子。

⑥ 上下活动游动滑车两次，正常后停车。

（2）针对原因（2），处理方法如下：

① 把游动滑车用钢丝绳与绳卡子牢固地卡在活绳上。

② 慢慢上提游动滑车，使提升大绳放松，刹死刹车。

③ 操作人员系安全带在井架天车平台上用撬杠把卡死在天车两轮间的大绳撬出并拨进天车滑轮槽内。

④ 通井机操作手慢慢下放游动滑车，待各股都承受负荷后，卸掉固定游动滑车的钢丝绳与绳卡子。

⑤ 慢慢上提下放游动滑车，正常后停车。

（3）针对原因（3），处理方法如下：

① 慢慢下放游动滑车至地面上，并放松大绳。

② 用撬杠将跳槽大绳拨进槽内。

③ 慢慢上提游动滑车离开地面。

④ 继续上提下放游动滑车两次，正常后结束处理工作。

（4）针对原因（4），处理方法如下：

① 用钢丝绳和绳卡子把游动滑车固定在井架上。

② 松活绳，操作人员先拉动活绳，然后依次拉松游动滑车的提升大绳，直至拉到卡死位置，再用撬杠把被卡死的提升大绳撬出后拨入轮槽内。

③ 缓慢上提大绳直到提起游动滑车，刹住刹车。

④ 卸掉固定游动滑车的钢丝绳及绳卡子。

⑤ 上提下放游动滑车，正常后停车。

9. 潜油电泵电缆卡有什么现象？原因有哪些？如何处理？

现象：

潜油电缆堆积后卡住电泵管柱，常见的有顶部堆积卡和身部堆积卡两种情况。

原因：

（1）处理潜油电泵遇卡过程中将管柱拔断，电缆和油管脱开，只起出油管，而电缆落井后堆积。

（2）在起管柱时，电缆未同步起出，堆积在油管周围。

处理方法：

（1）卡点上方管柱及电缆的打捞方法。

① 潜油电泵被卡后油管电缆未断，基本处于下井时的状态，可采取上提管柱、在一定拉力下同步炸断油管和电缆的方法将油管和电缆一同起出。

② 脱落堆积电缆的打捞：电缆脱落一般都呈螺旋状盘在套管内壁上，打捞时应尽量避免将电缆压实。常用的打捞工具有活动外钩、螺旋开窗捞筒，有时也使用螺旋锥等辅助工具打捞。

③ 卡点的处理：采用常规打捞工具抓取油管，配合上击器、下击器进行重复震击，逐渐使卡点松动，使潜油电泵解卡。如果是套变卡，先把变形井段让出来，再采用先整形后打捞的办法。在无法震击解卡的情况下可采用磨铣处理，常用的工具有护罩磨鞋、平底磨鞋或空心磨鞋等。

（2）潜油电泵的打捞方法。

当电泵机组以上的油管及电缆处理干净以后，鱼顶裸露部分为潜油电泵组件时，可以下专用工具打捞。

① 打捞泵、分离器、保护器部位，可用薄壁卡瓦捞筒、螺旋卡瓦捞筒等。

② 打捞泵变扣接头部位，可用变扣接头打捞矛。

③ 打捞连接法兰部位，可用销式电泵捞筒。

④ 打捞泵体，可用弹性电泵捞筒。

（3）打捞是一项复杂、技术性较强的工作。在操作时要根据现场的实际情况制定具体对策灵活运用各种打捞工具，才能达到事半功倍的效果。

10. 起下油管产生溢流有什么现象？原因有哪些？如何处理？

现象：

（1）起油管时，起出管柱体积大于灌注修井液体积。

（2）下油管时，下入井内管柱体积小于修井液返出井口的体积。

（3）停止起下作业时，出口管外溢。

原因：

（1）液柱压力小于地层压力。

（2）起管柱时井内未灌满压井液或灌量不足。

（3）起管柱产生过大的抽汲压力。

（4）循环漏失。

（5）修井液密度不够。

（6）地层压力异常。

处理方法：

（1）井口人员发现溢流立即发出溢流手势信号，作业机司机接到信号后鸣一声长笛信号。

（2）施工人员听到溢流警报信号后，立即停止起下作业，打开放喷阀门。

（3）将管柱坐于井口，摘下吊环，井口人员将旋塞阀迅速安装到油管上。

（4）将管柱上提10cm以内，发出两短笛关井信号，井口人员同时以相同圈数旋转左右丝杠，关闭闸板防喷器，关紧后回旋1/4～1/2圈。下放管柱，摘下吊环。关闭旋塞阀，发出关闭旋塞阀手势信号。

（5）接到关闭旋塞阀信号后，关闭放喷阀门后向作业机司机发出关闭手势信号，并观察套管压力。在旋塞阀上方安装压力表总成，打开旋塞阀并观察油管压力。

（6）作业机司机鸣三声短笛关井结束，人员撤离井场。

（7）认真观察，准确记录油管和套管压力以及循环罐压井液增减量，迅速向队长或技术员及甲方监督报告。根据压力情况决定下一步措施。

（8）如果确定处于可控状态，作业机司机鸣一声短笛发出解除信号并开井。

11. 起管柱过程中出现油管脱落有什么现象？原因有哪些？如何处理？

现象：

在起管柱过程中井内的油管部分或全部脱落掉至井底，现场表现为负荷突然下降。

原因：

（1）在卸油管扣时，背钳没打好，有打滑现象，尤其使用液压钳时，其速度快、扭矩大，造成卸已起到吊卡上面的油管扣时反向转动了井内油管，使其卸扣掉落井内。

（2）在起油管过程中撞击磕碰，振动使井内油管松扣，上提过程中突遇套管变形也可能使油管落井。

（3）前次施工所下管柱螺纹上得不紧不满，以及油管螺纹损坏，偏磨致使油管产生裂缝，上偏扣等，都会造成油管脱落掉入井内。

处理方法：

发生掉落井内油管事故后，应及时进行打捞处理将其捞出，以防事故进一步发展与恶化，影响下一步施工进展与事故处理。其具体方法应针对所掉油管的具体条件而定，首先要看鱼顶的情况。

（1）当鱼顶完整且裸露，可分辨出鱼顶是外螺纹时，可采用相应尺寸的卡瓦打捞筒一类的打捞工具外捞；鱼顶是内螺纹时，可用相应尺寸的捞矛类工具或公锥内捞。

（2）当鱼顶被砂埋时，应采取先下一次冲砂管柱冲砂冲洗鱼顶，再使用相应打捞工具打捞的方法。也可对被砂埋不严重的鱼顶，采用带水眼打捞工具先冲净鱼头再打捞。

（3）当鱼顶破坏不能直接进行打捞时，可先修整鱼顶，将鱼顶修整好后，再选择合适的打捞工具进行打捞。

（4）当落井油管带有封隔器或是在井内居中的简单掉落事故时，可在发现底部油管掉落后，用原管柱直接下去对扣打捞，通常也有效。

12. 松方卡子时光杆落入井内，原因有哪些？如何处理？

原因：

（1）原井油管断脱。

（2）原井抽油杆长度不够。

（3）原井管柱扣松，松方卡子过猛致使管柱脱落。

处理方法：

（1）在油管内下入小直径抽油杆打捞筒打捞光杆。

（2）对于多次打捞不上来的光杆，不能加深油管对扣打捞，以免将光杆压弯，使事故复杂化。可起出上部所有油管后，下入抽油杆打捞工具打捞光杆，捞出抽油杆后，再打捞下部油管。

13. 压裂时压力上升过快，原因有哪些？如何处理？

原因：

（1）加砂控制不好，导致砂浓度过高，或混砂液中意外出现大粒径异物堵塞流体通道，致使压力上升过快。

（2）对于高滤失地层，如施工参数设计不合理，则会出现缝内脱砂现象，造成压力迅速上升。

（3）对于射孔孔眼不完善地层及特殊地层（如上下无遮挡层、微裂缝发育、近井裂缝扭曲储层），人工裂缝较窄，在高浓度砂段产生砂堵，导致压力上升。

处理方法：

（1）应马上降低砂浓度，并根据压力大小情况适当降低排量。

（2）如压力仍升至上限，则只能停止加砂，经压力分析后，或者重新设计参数后继续施工，或者替挤、循环后终止该层施工。

（3）极少情况下也会出现压力急速上升至一定程度后又降回正常数值的情况，该情况下则可继续施工，需密切注意后续压力变化趋势并不断调整参数，直至施工结束或压力升至上限停止施工。

14. 压裂时压力急剧下降，原因有哪些？如何处理？

原因：

压力急剧下降原因包括缝高突然过度延伸、压窜、封隔器及油管断脱等。

处理方法：

（1）对于缝高突然过度延伸的情况，压力急剧下降后如未压窜，则压力会急速反弹上升，此时可降低砂浓度，上提排量或降低排量。

（2）对于压窜、封隔器及油管断脱的情况，套压会上升至井口施工压力或油管上顶，则须停止压裂，进行洗井、活动管柱等对应处理。

15. 压裂时井口及地面管线漏失，原因有哪些？如何处理？

原因：

在井口及地面管线老化、一些隐藏的损伤、使用不当等情况下，高压冲击一段时间后，出现漏失，导致施工压力急剧下降。

处理方法：

首先应暂停施工，如工艺条件允许，可立即更换器件后继续施工，否则终止该次施工，循环返排、活动管柱后上提起出。

16. 压裂时封隔器或油管断脱有什么现象？原因有哪些？如何处理？

现象：

套压突然大幅上升，套压达到井口施工压力，油管上顶。

原因：

（1）下井工具螺纹磨损严重。

（2）工具上扣不紧或上偏扣。

（3）工具下井前后经受过磕碰、磨损，造成工具本体伤害。

（4）压裂加砂过程中，窜层支撑剂反冲击工具。

处理方法：

立即终止施工，进行后续事故处理。

17. 现象压裂层压不开，原因有哪些？如何防控？如何处理？

原因：

（1）地层物性差，射开厚度薄，射孔炮眼少，吸液能力低、地应力值高且应力集中而导致压不开。

（2）地层中黏土矿物多，水敏造成黏土膨胀导致压不开。

（3）油层结蜡严重导致层位压不开。

（4）油管未刺净、油管丈量不准、多下或者少下压裂油管，导致管柱堵塞或者卡在未射井段而压不开。

（5）由于混砂车设备和管柱结构等问题，在压裂上一层段后，管柱内残留的支撑剂在扩散压力和上提管柱过程中沉降聚集，造成管柱内沉砂或砂卡钢球，堵塞下井工具通道。

（6）在替挤施工结束后，作业队倒阀门顺序不对，即先开放空阀门，后关井口阀门，致使石英砂随压裂液返排至喷砂器中，造成砂埋喷砂器。

（7）经过长时期注水生产的水井，注入水中的细微杂质颗粒在地层炮眼处经过长期过滤堆积造成堵塞。

（8）由于钻井或作业时压井时间过长，地层长时间受钻井液滤液或工作液的浸泡，致使钻井液滤液或工作液中的细微矿物质颗粒堵塞岩层的孔隙喉道，并引起地层中的黏土矿物膨胀，导致地层破裂压力增大而压不开地层。

（9）施工中酸化预处理时，酸未挤到位造成第二层以上层位压不开。

（10）人为因素（包括工具错位、堵油管、深度错误等）造成压不开。

防控方法：

（1）在压裂方案设计上严格把关，在出现原因（1）中问题的区域内大范围推广高压管柱和压前酸化预处理等工艺技术措施。

（2）在前置液中加入防膨剂来防止黏土膨胀。

（3）老井压裂起原井时注意观察，如果原井管柱带出的蜡和死油量较多，应在压前刮蜡并采用热水洗井，或者采取压前挤酸的预处理措施。

（4）保证下井管柱深度准确，下井工具规范，管柱组配合理，油管清洁、畅通，并涂螺纹脂上紧，避免井筒内污水渗入压裂管柱，造成施工困难。

（5）根据实际地面管线长度合理调整替挤量，根据混砂斗中混砂液面正确选择替挤开始时间，满足施工设计替挤量的要求。

（6）注意扩散时间，如果深井底部下有导压喷砂器的，可通过反循环洗井，将脏物循环洗出。

（7）压裂不吸水或吸水量极低的水井时，应采取压前挤酸的预处理措施。

（8）对于压裂投产的新井，要严格按替喷操作规程等标准执行；对于钻井时钻井液浸泡时间较长、污染较严重的井层，应采取压前挤酸的预处理措施。

（9）采取动管柱调整卡具位置的方法将酸挤到管柱中预定的位置。

（10）仔细检查入井油管及工具，精细计算管柱深度。

处理方法：

（1）首先磁性定位校验卡点深度，如果下井仪器中途遇阻，则可判断压不开是因为管柱堵塞，应起出压裂管柱，通油管后重下压裂管柱再压裂。

（2）磁性定位测量管柱深度有差错，管柱深度下错导致压不开则调整管柱深度后再压裂。

（3）管柱无堵塞且深度准确仍压不开，则起出压裂管柱检查下井工具，如果发现下井工具下错或次序下反、喷砂器阀打不开，重新组配下井工具后再压裂。

（4）如果压裂管柱深度准确、无堵塞且下井工具均正常，则分析地层原因，通常采取挤酸处理目的层，降低地层破裂压力及解除近井污染后再压裂。

（5）如果因为地层因素压不开，挤酸后仍然压不开，则弃压并建议检查射孔质量。

18. 压裂窜槽有什么现象？原因有哪些？如何处理？

现象：

压裂施工中，压裂液由某一异常通道返至第一级封隔器以上的油套环空使地面套压持续升高，或返至最下一级封隔器以下的油套环空使管柱上顶。

原因：

被压层位的上、下夹层比较薄、水泥环及其胶结面因剪切破坏而窜通；压裂过程中由于封隔器损坏引起的压窜；压裂过程中由于工具压断引起的压窜；作业队管柱配错或下错引起的压窜。

处理方法：

现场施工出现压窜的故障井，首先要采取措施判断是否是封隔器、油管以及管柱深度下错等原因造成的，如果不是则可以判断为地层窜槽。具体步骤：

（1）停泵，套管放空，重复 2 ～ 3 次。

（2）仍有窜槽显示，则应进行磁性定位校验卡点深度。

（3）磁性定位管柱深度无差错，则上提管柱至未射井段验封。

（4）验封仍有窜槽显示则起出压裂管柱，如发现管柱断脱则进行打捞，正常起出压裂管柱则检查油管和封隔器破损情况。

（5）验封没有窜槽显示则说明地层窜，通常采取扩层或缩层的措施进行压裂改造，如果该层段无法进行更改则压裂其他层段。

19. 压裂砂堵有什么现象？原因有哪些？如何处理？

现象：

加砂过程中，压力大幅度上升，接近最高允许压力，支撑剂在裂缝中的运移发生困难。

原因：

（1）压裂液性能因素。

① 压裂液性能出现明显改变，达不到低滤失性、高携砂性、热稳定性、抗剪切性等性能要求，就有可能产生砂堵。

② 压裂液滤失量过大，使裂缝几何尺寸达不到设计的规模。

③ 加砂过程中，压裂液黏度突然变低，携砂能力变差容易发生砂堵。

（2）地层因素。

① 有断层的油层会造成砂堵。

② 油层砂体的非均质性，如岩性尖灭等会造成裂缝的规模受限形成砂堵。

③ 地层天然裂缝发育或者压裂时产生的微裂缝多，施工时易发生堵井。

④ 水井长期注水使地层产生许多的微裂缝。

处理方法：

对于使用普通喷砂器的压裂井，如条件允许可通过油管进行返排或反洗，洗通后，与现场人员协商进行下一步施工；否则应及早活动并起出管柱。

20. 压裂管柱解封困难有什么现象？原因有哪些？如何处理？

现象：

在压裂施工中活动管柱时，封隔器长时间不解封。

原因及相应处理方法：

（1）封隔器胶筒不收缩，导致封隔器不解封。封隔器胶筒的质量不好，在压裂结束后封胶筒不收缩。

（2）封隔器的水嘴被堵死，导致封隔器不解封。封隔器的胶筒内憋有压力，水嘴被堵塞、无法释放出来。

（3）地层窜槽导致管柱活动不开。压裂施工中地层窜槽或封隔器坏，导致携砂液从油套环形空间上窜，使支撑剂沉落到最上级封隔器上，导致上封隔器被砂埋，管柱活动不开。

（4）压力偏高，封隔器胶筒塑性变形，不能收缩。当多层压裂时，压力持续偏高或在瞬间压力突然升高，可能会造成封隔器内部结构发生变化，在高压的作用下，封隔器发生塑性变形，施工结束后，封隔器不能恢复原形。

（5）油套环形空间有落物卡住封隔器，管柱活动不开。在作业施工过程中，井口螺栓等小件掉入油管与套管环形空间中，卡在封隔器上，主要表现在油管只能向下移动，向上遇阻。

（6）套管变形，导致管柱活动不开。在压裂施工过程中，压裂管柱卡距之间的套管在高压的作用下弯曲变形，上提管柱时，下封隔器无法通过变形的套管，导致无法上提管柱。

处理方法：

（1）向套管内打压，平衡套压，使封隔器胶筒上下压力趋于相近，迫使封隔器收缩。

（2）正向大排量向地层注入压裂液，然后停泵，瞬间憋放，再活动管柱，将封隔器水嘴的堵塞物在憋放过程中排出，使胶筒内的压力释放，封隔器收缩。

（3）在多次活动管柱无效时，将上封隔器以上管柱倒扣提出，然后用套铣加打捞等方法将下部管柱及工具捞出。

（4）选用质量好的封隔器，并控制施工压力，在封隔器能承受的压力范围内施工。

（5）在施工过程中，提高警惕，文明施工，避免落物事故。

（6）在多次活动管柱无效时，将上封隔器以上管柱倒扣提出，然后用胀管处理变形的套管，最后再将下封隔器捞出。

21. 压裂沉砂，原因有哪些？如何预防？如何处理？

原因及预防措施：

（1）替挤量达不到设计要求，从而形成沉砂。

替挤量达不到设计要求，未将油管内砂子替净。此类沉砂现象属于人为原因造成，所以要求替挤过程中必须严、细、准，做到不超不少。

（2）压裂液成胶不好，导致携砂能力下降。

压裂液的携砂性主要取决于液体的黏度及其在管道和裂缝中的流速。黏度高，成胶好，其携砂能力就强。此类沉砂现象属于材料质量问题引起的，同时也有人为因素在内，所以要求严格控制压裂液原材料的质量，做到压前检查，压后排净。

（3）井口设备或地面管汇破裂意外停止施工导致沉砂。

在加砂过程中如果井口设备（包括井口阀门、井口压裂装置）或地面管汇破裂，产生高压刺漏将会造成沉砂或严重的安全事故。此类沉砂现象属于工具装置质量问题引起的，所以在压前的准备过程中，必须对所有装置、设备、工具进行严格的检查、试压。

（4）替挤过程中，混砂车出现故障引起沉砂。

在压裂施工的替挤过程中混砂车出现故障，不能供液，造成大泵或管汇的机械损坏，导致替挤量不够，出现沉砂现象。此类事故属于机械故障引起的沉砂现象，要求混砂车的操作人员要经常对设备进行检查、保养和维修。

（5）车组循环不净，形成沉砂。

混砂车不是直通式，有时支撑剂会沉在混砂车出口的管道中，重新起车时，如循环不净，支撑剂就会被带入井筒中，由于刚起车没有压开裂缝，支撑剂堆积在喷砂器和油套环空中，形成沉砂。因此压前必须循环好车组，直到循环不见支撑剂为止。

（6）喷砂器被打坏，返排时带出支撑剂，造成沉砂。

压裂过程中，由于压力过高或砂量过大，携砂液将喷砂器阀打坏，或者由于喷砂器自身的质量不合格而被携砂液打坏，造成返排时支撑剂由此进入管柱内沉砂。此类沉砂现象属于下井工具质量问题或者是不确定因素引起，所以严禁不合格工具下入井内、严格按照作业指导书加入破胶剂、保证足够的扩散时间，使得破胶后的压裂液在裂缝闭合后进行返排。

处理方法：

（1）如果发现及时，应以小排量向井内注入压裂液，观察在不超压的基础上有没有注入量，如果注入一段时间后，压力下降，那么可以缓慢提高排量，直至恢复正常。

（2）如果在小排量注入过程中，压力急剧上升，无注入量，可在一定压力下放喷，即在高压下打开放空阀门，然后迅速关闭放空阀门，马上向井内注入压裂液，观察压力变化、是否有注入量。如果不可行，反复重复“开放空→关放空→注压裂液”这一过程，直至恢复正常。

（3）如果以上两个方法都不奏效，可以尝试反洗，将压裂管汇连接到套管上，打开油管，向套管的环形空间内注入压裂液，将油管内的压裂砂反洗到地面，同时活动开管柱。

（4）如果以上方法都不行，那么就必须尽快活动管柱，活动开后，起出管柱，重新丈配，下入第二次压裂管柱，进行补压。

22. 液压防喷器控制装置电泵启动后蓄能器升压慢有什么现象？原因有哪些？如何处理？

现象：

电动油泵启动后系统不升压或升压太慢，泵运转时声音不正常。

原因：

（1）电泵柱塞密封装置的圈过松或磨损。

（2）油箱液面太低（油量过少），泵吸空。

（3）进油阀未打开或微开，或吸油口滤油器堵塞，不畅。

（4）控制管汇上的泄压阀未关闭或微开。

（5）电动油泵故障。

（6）三位四通换向阀手柄未扳到位。

（7）管路、活接头、弯头泄漏。

（8）泄压阀、换向阀、安全阀等元件磨损，内部漏油。

处理方法：

（1）上紧压紧螺母或更换密封圈。

（2）补充油量。

（3）打开闸阀，清洗滤油器。

（4）关闭泄压阀。

（5）检修油泵。

（6）将换向阀手柄扳到位。

（7）检查管路活接头和弯头，维修有问题部件。

（8）修换阀件（可从油箱上部侧孔观察到阀件的泄漏现象）。

23. 带压动力站蓄能器不能正常工作有什么现象？原因有哪些？如何处理？

现象：

（1）带压动力站停机后，在不操作的情况下系统压力较短时间内快速下降，液压系统失效。

（2）作业过程中液压系统压力波动范围过大，举升系统起升速度过慢。

（3）起机后挂合液压泵离合器，系统压力表指针直接上跳到最高压力或上跳压力值小于蓄能器正常氮气压力值。

原因：

（1）蓄能器充氮接头漏气，导致氮气压力过低。

（2）蓄能器氮气气囊损坏漏气，导致氮气压力过低或缺失。

（3）蓄能器充氮压力过低或过高，导致蓄能器不能正常蓄能。

处理方法：

（1）如果蓄能器充氮接头漏气，应更换新的充气接头。

（2）如果蓄能器氮气气囊损坏，应更换新的气囊。

（3）如果蓄能器氮气压力低于正常值，应进行充氮；如果氮气压力过高，应泄压到正常值。

24. 带压作业施工过程中，油管内压力控制工具失效后有什么现象？原因有哪些？如何处理？

现象：

油管内突然大量出液。

原因：

（1）使用前未检测、未按规定使用油管内压力控制工具。

（2）油管内结垢或腐蚀严重，造成堵塞器锚定不牢靠。

（3）油管内堵塞屏障数量不够，不满足密封要求。

（4）操作不当造成压力控制工具的卡瓦牙块磨损，不能与管柱壁牢固锁定，坐封后窜位。

处理方法：

发信号；泄压，同时调整液缸至适当位置；抢装全通径旋塞；关卡瓦组；关防喷器；应急集合点集合。

25. 发生防顶卡瓦故障、管柱上顶有什么现象？原因有哪些？如何处理？

现象：

（1）关闭卡瓦操作手柄，卡瓦无关闭动作。

（2）在关闭卡瓦后，管柱未停止上行，处于上顶状态。

原因：

（1）卡瓦牙磨平卡不住油管本体。

（2）卡瓦座卡槽铜件磨圆，卡瓦无法到位。

（3）带压设备液压油油路堵塞。

（4）油管本体磨损严重变细，导致卡瓦无法卡牢油管。

处理办法：

（1）关闭安全防喷器组的卡瓦闸板。

（2）成功后及时解决防顶卡瓦失效问题。

（3）如不成功，则使用压井液压井。

（4）打开安全防喷器卡瓦闸板。

（5）打开环形防喷器，打开工作防喷器的上封闸板。

（6）管柱落下坐于合适位置。

（7）关闭安全防喷器闸板，关闭安全防喷器半封闸板。

（8）判断卡瓦失效原因，解决问题后继续施工作业。

26. 连续油管新井压裂层段压不开有什么现象？原因有哪些？如何处理？

现象：

压裂过程中压力持续升高，无注入量或注入量过小。

原因：

（1）压裂层物性不好，储层致密。

（2）喷枪损坏，射孔效果不达标。

（3）炮眼有碎屑遮挡，注入量不够。

（4）人为因素（包括工具连接错误、深度错误等）。

处理方法：

（1）在连续油管端对地层进行试挤憋放，根据连续油管钢级等情况确定憋放压力和憋放次数，原则上憋放压力不超过抗外挤强度、憋放次数不超过 3 次。

（2）提高油管端排量，清洗炮眼（5 ～ 10min）。

（3）若有吸入量但压力高，则小排量打磨处理至施工正常，最后再考虑挤酸措施，连续油管内挤酸 3 ～ $4m^3$；若地层仍无吸入量，则在压力允许范围内增加射孔排量和时间，对喷射点进行二次喷砂射孔后再次对地层进行试挤憋放，直至压开。

27. 连续油管新井压裂砂堵有什么现象？原因有哪些？如何处理？

现象：

加砂过程中，压力大幅度上升，接近最高允许压力，支撑剂在裂缝中的运移发生困难。

原因：

（1）压裂液滤失量过大，使裂缝几何尺寸达不到设计的规模。

（2）加砂过程中，压裂液黏度突然变低，携砂能力变差，易发生砂堵。

（3）油层砂体的非均质性造成裂缝的规模受限形成砂堵。

（4）地层天然裂缝发育或者压裂时产生的微裂缝多，施工时易发生砂堵。

处理方法：

（1）立刻停止加砂，套管放喷后，油管、套管小排量起泵正常替挤，若有注入量则正常完成替挤后继续加砂。

（2）若无注入量，则打开套管出口，连续油管正循环洗井 1 ～ 1.5 个循环后，再继续加砂。

（3）若仍无注入量，则打开油管出口，套管反循环洗井 1.5 ～ 2 个循环，直至出口无砂粒。

（4）若砂堵严重，可直接解封工具上提至安全深度后，由油管、套管同时注入 1 ～ 1.5 个循环的压裂液，将井内砂子替入下部已施工层内，再根据加砂量情况决定继续施工或施工下一段。

28. 起下油管时，出现油管失控现象，原因有哪些？如何处理？

原因：

在起下连续油管的过程中，当井内压力较高时，如果对连续油管受到的上顶力估计不足，注入头内张压力偏低时，连续油管有被顶出井口的风险。

处理方法：

起下油管时，增加注入头马达压力，使其追上油管速度，同时加大注入头夹紧油缸和防喷盒的夹紧力，控制住油管。同样在起油管时，如果油管失控，滚筒超速运转时，降低滚筒马达压力使其恢复正常，同时适当加大夹紧压力，并且可以根据井内压力情况适当地加大防喷盒压力，增大油管上行阻力，帮助降低油管上行速度。

29. 施工过程中连续油管破裂，原因有哪些？如何处理？

原因：

（1）油管内压力超过连续油管抗内压强度。

（2）过度弯折造成疲劳破坏。

处理方法：

（1）井口无压力时，发现油管破裂，上提连续油管使破裂处到油管卷筒附近，停机，关闭防喷器悬挂闸板，关闭防喷器半封闸板，将破裂处切断，用连续油管接头连接两段油管，提连续油管出井口。

（2）井口有压力时，发现油管破裂，立即停机，关闭防喷器悬挂闸板，关闭防喷器半封闸板，待请示领导后关闭防喷器剪切闸板，上提连续油管 30cm，关闭防喷器全封闸板，停止施工，等待下一步处理。

（3）井口发现硫化氢时，立即采取有效措施，进入应急状态，关停设备并逃生。

30. 带刹作业机滚筒左右刹车间隙调整严重偏差有什么现象？原因有哪些？如何处理？

现象：

（1）与正常相比，下压刹把用力变大。

（2）滚筒左右刹车片磨损量偏差明显。

（3）大钩空载下溜速度过慢。

（4）两侧刹车带向间隙大的一侧偏移。

（5）松刹时，刹车间隙小侧的刹车片侧端面与滚筒侧板不能正常分离。

（6）刹车间隙大侧的刹车带及刹车片偏移出与刹车毂的正常摩擦面。

（7）刹车间隙大侧的刹车带锥度变形，刹车毂锥度磨损。

（8）刹车间隙小侧的间隙调整丝杠轴线与平衡梁翻转臂上端面夹角大于 90°，间隙大侧的间隙调整丝杠轴线与平衡梁翻转臂上端面夹角小于 90°。

原因：

（1）滚筒左右刹车力矩偏差过大，总的刹车力矩相对变小，下压刹把的用力不得不变大。

（2）滚筒刹车间隙小的一侧刹车力矩大，刹车片磨损速度明显快于刹车间隙大的一侧。

（3）滚筒刹车间隙小的一侧松开刹车时，刹车片与刹车毂不能彻底分离，使大钩下溜速度过慢。

（4）滚筒左右刹车间隙严重偏差超出平衡梁的自动调整范围，平衡梁两侧的翻转臂会通过调整丝杠拉动刹车带向刹车间隙大的一侧滑动，长时间在这种情况下运转，滚筒刹车带就会产生过大尺寸的偏移。

（5）滚筒刹车间隙小的一侧刹车带向刹车间隙大的一侧偏移，当偏移量达到一定程度时，刹车片侧端面会与滚筒侧板产生异常摩擦，松开刹车时刹车片与侧板也不能分开，这种情况同样能造成滚筒转动速度变慢，导致大钩下溜速度过慢。

（6）滚筒刹车间隙大的一侧在平衡梁翻转臂平衡作用下，向滚筒外侧发生偏转，通过正反扣丝杠将刹车带拉向滚筒外侧，使刹车片部分摩擦面偏移出与刹车毂的摩擦位置。

（7）滚筒刹车间隙大的一侧刹车带偏移出刹车毂摩擦面后，由于没有刹车片的支撑，会发生锥度变形，同时刹车毂发生锥度磨损，随着锥度变形和锥度磨损量的增加，刹车带的偏移量会进一步增加。

（8）滚筒左右刹车间隙严重偏差的情况下，刹车间隙小侧的间隙调整丝杠短，拉动翻转臂连接位置向上翘起，使两者间的夹角大于 90°，另一侧间隙调整丝杠长度大，下压平衡梁翻转臂连接点向下，使两者间夹角小于 90°。

处理方法：

（1）按照操作规程均衡调整滚筒左右刹车间隙，保证滚筒两端调整丝杠轴线与平衡梁翻转臂上端面夹角保持在 90°，也就是使滚筒左右刹车力矩相同，保证滚筒总的刹车力矩达到正常数值，降低刹车时刹把的下压力。

（2）按照标准调整滚筒左右刹车间隙，使滚筒保持左右均衡的刹车力矩，保证两端刹车片的磨损速度基本一致。

（3）按照标准调整滚筒左右刹车间隙，保证松开刹车时各刹车片与刹车毂正常分离，避免大钩下溜速度慢。

（4）按照标准调整滚筒左右刹车间隙，保持刹车间隙调整丝杠轴线与平衡梁翻转臂上端面的垂直，使刹车带、调整丝杠、平衡梁翻转臂三点一线受力，避免刹车带发生偏移。

（5）按照标准调整滚筒左右刹车间隙，保证刹车带不发生偏移，一侧刹车片侧端面不会与滚筒侧板产生摩擦，使滚筒松开刹车时能够正常转动，保证大钩下溜速度达到标准要求。

（6）按照标准调整滚筒左右刹车间隙，刹车带不发生偏移，刹车片摩擦面与刹车毂完全贴合，在保证刹车力矩的同时，提高刹车片的有效利用率。

（7）按照标准调整滚筒左右刹车间隙，刹车带不发生偏移，确保刹车带不再产生锥度变形，刹车毂也不产生锥度磨损。

（8）刹车带锥度变形、刹车毂锥度磨损及左右刹车片磨损偏差过大时，应更换新的零配件，保证能够正常均衡调整左右刹车间隙。

31. 修井机柴油机水箱加水口异常返液有什么现象？原因有哪些？如何处理？

现象：

（1）柴油机启动后水箱加水口有较多气泡冒出，随着柴油机加速，气泡量快速增加，停机一段时间后，水箱加水口液面上有少量的油花漂浮。

（2）柴油机启动后水箱加水口有较多气泡冒出，随着柴油机加速，冷却水快速喷出，并携带大量气泡，停机一段时间后，水箱加水口液面上无油花漂浮。

（3）柴油机启动后水箱加水口有较多黏稠、半乳化的润滑油溢出，同时柴油机呼吸管有大量白色气体溢出，油底壳内能够放出较多的冷却液。

（4）柴油机运转一段时间后，水箱加水口液面升高，能闻到浓烈的柴油味道，运转更长时间后，有柴油从水箱加水口溢出。

原因：

（1）柴油机缸盖垫刺损，导致燃烧废气窜入冷却水道，最后从水箱加水口溢出。

（2）打气泵缸盖点刺损，导致压缩空气窜入冷却水道，最后从水箱加水口溢出。

（3）柴油机油冷器润滑油道与冷却水窜通，导致润滑油进入水箱，同时冷却水漏入油底壳。

（4）个别喷油器护套窜孔，导致燃油进入冷却水道，最后从水箱加水口溢出。

处理方法：

（1）拆卸柴油机缸盖，更换缸盖垫。

（2）检修打气泵，更换打气泵缸盖垫。

（3）拆卸检修柴油机机油冷却器，清理柴油机冷却水道和水箱内的润滑油，更换润滑油；拆卸更换柴油机喷油器护套。

参考文献

[1] 中国石油天然气集团有限公司人事部 . 井下作业工：上册 . 北京：石油工业出版社，2018.

[2] 中国石油天然气集团有限公司人事部 . 井下作业工：下册 . 北京：石油工业出版社，2018.

[3] 时凤霞，杨帆 . 井下作业实训指导 .2 版 . 北京：石油工业出版社，2019.

[4] 吴奇，张守良，王胜启，等 . 井下作业监督 .3 版 . 北京：石油工业出版社，2014.

[5] 于胜泓，郭志伟 . 井下作业安全手册 . 北京：石油工业出版社，2010.

[6] 李雪辉 . 连续管作业技术与装备 . 北京：石油工业出版社，2019.

[7] 董贤勇 . 连续油管基础理论及应用技术 . 东营：中国石油大学出版社，2009.

[8] 赵章明 . 连续油管工程技术手册 . 北京：石油工业出版社，2011.